职业技能等级培训教材
技能型人才培训用书

燃气具安装维修工(中级)

中国五金制品协会　组编
邓四平　等编著
胡定钢　审校

机 械 工 业 出 版 社

本书依据中国五金制品协会团体标准《燃气具安装维修工职业技能标准》（T/CNHA1005—2018）对燃气具安装维修工（中级工）的知识要求和技能要求，按照岗位培训的需要编写。本书共有七章二十三节，主要内容包括：燃气具安装维修工基本要求，安装维修辅助工作，安装维修检测，燃气灶具安装，供热水、供暖两用型燃气快速热水器安装，燃气灶具维修，供热水燃气快速热水器维修。

本书主要用作企业培训部门、职业技能鉴定机构、再就业和农民工培训机构的教材，也可作为技校、中职学校、各种短训班的教学用书。

图书在版编目（CIP）数据

燃气具安装维修工：中级/邓四平等编著. —北京：机械工业出版社，2019.3（2025.1重印）

职业技能等级培训教材　技能型人才培训用书

ISBN 978-7-111-62311-3

Ⅰ.①燃…　Ⅱ.①邓…　Ⅲ.①煤气灶具-安装-技术培训-教材 ②煤气灶具-维修-技术培训-教材 ③燃气热水器-安装-技术培训-教材 ④燃气热水器-维修-技术培训-教材　Ⅳ.①TU996.7

中国版本图书馆CIP数据核字（2019）第052111号

机械工业出版社（北京市百万庄大街22号　邮政编码100037）

策划编辑：王振国　责任编辑：王振国

责任校对：梁　静　责任印制：单爱军

北京虎彩文化传播有限公司印刷

2025年1月第1版第5次印刷

169mm×239mm · 9.75印张 · 185千字

标准书号：ISBN 978-7-111-62311-3

定价：32.00元

凡购本书，如有缺页、倒页、脱页，由本社发行部调换

电话服务　　　　　　　　网络服务

服务咨询热线：010-88361066　机 工 官 网：www.cmpbook.com

读者购书热线：010-68326294　机 工 官 博：weibo.com/cmp1952

金 书 网：www.golden-book.com

教育服务网：www.cmpedu.com

职业技能等级培训教材

编审委员会

主　　　任：石僧兰
委　　　员：（按姓氏笔画为序）
马长城　尹　忠　艾穗江　卢宇聪　叶远璋
吕　瀛　伍笑天　孙京岩　杨　劼　余少言
宋光平　张东立　陈敦勇　赵继宏　柳润峰
闻有明　诸永定　商若云　潘叶江
总　策　划：柳润峰　吕　瀛　胡定钢　杨　劼
编　著　者：邓四平　何风华　林源远　蒋勇泉　徐　海
彭惠平　祝剑江　曾文　陈伟飞
审　校　者：胡定钢
参编单位：广东万和新电气股份有限公司
迅达科技集团股份有限公司
港华紫荆燃具（深圳）有限公司
华帝股份有限公司
杭州老板实业集团有限公司
广东万家乐燃气具有限公司
浙江帅丰电器股份有限公司
佛山市顺德区燃气具商会
支持单位：中国城市燃气协会
青岛经济技术开发区海尔热水器有限公司
艾欧史密斯（中国）热水器有限公司
广东美的厨卫电器制造有限公司
成都前锋电子有限责任公司
宁波方太厨具有限公司

序

中国燃气具行业经过40年的发展，得益于国家天然气管网的建设与发展，燃气用具已成为我国城镇家庭用具的标配产品，与提升消费品质息息相关。近年来，在推动国内消费升级的政策指引下，燃气用具产品纳入节能减排促消费的产品类别。为使消费者实现良好的产品体验，在消费终端完美体现产品的整体性能，提升和规范“燃气用具安装与维护”服务，成为行业关注的焦点。

现阶段，我国从事家用燃气用具安装与维护服务的人员有40万人左右，从业人员规模及技能水平远远不能满足实际需求，从业需求缺口大且从业人员老龄化问题突出，加剧了安装维修市场的无序性，影响消费者使用的安全性等问题显现。鉴于此，中国五金制品协会组织燃气具行业骨干企业，联合上游的燃气企业，于2018年4月，编制发布了团体标准《燃气具安装维修工职业技能标准》（T/CNHA 1005—2018）（简称《标准》）。《标准》将燃气具安装维修工岗位人员的职业技能水平分为五个等级，清晰界定各等级岗位人员从事安装、维修职业所需的知识和技能要求，明确从业人员的必备条件和能力。《标准》的颁布为我国燃气具安装维修工岗位人员的职业技能水平评价提供了重要依据。

为确保《标准》得到有效实施和推广，中国五金制品协会启动了燃气具安装维修工培训教材和考评题库（简称“教材和题库”）的编写工作，明确了相关工作的基本要求：一是项目开展的过程和输出成果，必须符合国家有关职业技能鉴定工作的管理要求；二是结合目前我国燃气具安装维修从业人员的特点，使教材成为从业人员的必备工具书。“教材和题库”的编写工作得到中国城市燃气协会、佛山市顺德区燃气具商会，以及行业企业的大力支持，编著者及审校人员全部来自生产一线的服务管理人员。他们利用业余时间，将自己在安装维修服务领域积累的培训和管理经验融入到教材中。这种兢兢业业为行业发展的奉献精神，贯穿在整个编写工作的过程中，是“教材和题库”编写工作顺利完成的坚实保障，成为中国五金制品协会团体标准实施落地的典范。

在新的市场环境下，80后、90后新消费主体的需求，互联网和物流带来消费的便利，将为燃气具安装维修服务升级赋能。我们相信，燃气具安装维修工培训教材的出版发行，将助力行业建立专业的安装维修服务队伍，同时为专业化培

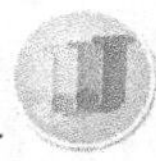

训、考评鉴定机构提供广阔的发展空间，为消费者对服务进行评价提供重要的依据。

最后，再次向参与编制工作的各位行业同仁，及给予本项工作支持和帮助的友人，表示衷心的感谢！

中国五金制品协会
二〇一九年三月

前　言

为满足广大燃气具安装维修工对本工种职业培训和职业技能提升的迫切需求，我们依据中国五金制品协会团体标准《燃气具安装维修工职业技能标准》（T/CNHA 1005—2018）编写了本套培训教材。本套培训教材可作为燃气具安装维修工系统提升的自学读本和职业技能培训机构的教学用书。

本套培训教材共分为初级、中级、高级、技师及高级技师四册，每册对应于《燃气具安装维修工职业技能标准》（T/CNHA 1005—2018）划分的职业等级分类，其中技师及高级技师合并为一册。每册图书的章节内容与职业技能标准中的基本要求和工作要求相对应，各册相同目录的章节内容是按照对应等级知识从低到高的顺序编写的。

本套培训教材的编写工作自2018年7月启动，全体编著人员均是来自生产一线的服务管理人员。他们有着高度的责任感和历史使命感，主动承担教材的编著任务。初级工教材由蒋勇泉代表华帝公司任主编，中级工教材由邓四平代表万和公司任主编，高级工教材由彭惠平代表万家乐公司任主编。

本书由邓四平等编著，其中第一章由何风华编写，第二章由林源远编写，第三章由蒋勇泉编写，第四章由徐海编写，第五章由彭惠平编写，第六章由徐海和祝剑江编写，第七章由曾文和邓四平编写。陈伟飞负责统稿并参与了部分内容的编写。本书由胡定钢审校。

在本书编写过程中，得到中国五金制品协会的高度重视，协会理事长石僧兰、执行理事长张东立、副理事长柳润峰、燃气用具分会副秘书长杨劼等，付出了艰辛努力并给予了悉心指导；得到中国城市燃气协会的大力支持；得到刘云（海尔）、刘军（万军乐）、刘星（A. O. 史密斯）、张世川（老板）、金建明（华帝）、钟一华（港华）、钟建设（方太）、徐国平（美的）等企业代表的积极配合；得到华帝、迅达、港华、老板、万家乐、万和、顺德燃气具商会等提供的资料等支持，在此一并表示衷心的感谢！

由于作者水平有限，书中难免存在不当之处，敬请广大读者与专家批评指正。

编著者

目　录

第一章

燃气具安装维修工基本要求

培训学习目标　掌握职业道德的基本规范；掌握常用机械图和建筑图的识读方法；熟悉燃气燃烧方式，掌握燃气灶具和燃气热水器的基本结构和工作原理；掌握常用维修检测仪器的使用；熟悉环境保护法和《家用燃气燃烧器具安全管理规则》对燃气具生产者、经营者和劳动者相关责任的规定。

第一节　职业道德

职业道德是从事一定职业的人们在职业活动中应该遵循的，依靠社会舆论、传统习惯和内心信念来维持的行为规范的总和。它调节从业人员与服务对象之间、从业人员之间、从业人员与职业之间的关系。它是职业或行业围内的特殊要求，是社会道德在职业领域的具体体现。

一、职业道德的基本原则

职业道德的基本原则是：敬业、精益、专注、创新、不断突破。

广大服务业从业人员在具体的工作中，必然会遇到怎样对待职业人生中的各种利益问题。这些问题不解决，就无法自觉遵守职业道德规范，就不能成为一名合格的安装维修工。只有理解并掌握了职业道德的基本原则，才能解决职业人生中的种种道德困惑和利益冲突。

（1）敬业精神　技精于专，做于细；业成于勤，守于挚。敬业是从业者基于对职业的敬畏和热爱而产生的一种全身心投入的认认真真、尽职尽责的职业精神状态。

（2）精益精神　精益就是精益求精，就是要超越平庸，选择完善。老子曰："天下大事，必作于细。"作为安装维修从业者，一定要认准目标，执着坚守。

以匠人之心，任劳任怨，兢兢业业追求技艺的极致。

（3）专注精神　专注就是要踏实严谨，一丝不苟。细节决定一切，态度造就未来，在安装维修时应该严格遵循工作标准，杜绝粗心大意，认真做好安装维修中的每一个细小环节。

（4）创新精神　创新就是要追求突破、追求革新。用双手开拓进取，用能力创造未来，富有追求突破、追求革新的创新活力。

二、职业道德的基本规范

燃气具安装维修人员在工作过程中应遵守以下基本规范：

1）敬业爱岗。敬业爱岗是社会主义职业道德的核心内容，是作为一名合格的燃气具安装维修工的基本标准。

2）文明操作，乐于助人。文明操作，乐于助人是燃气具安装维修工应具备的基本职业行为。文明操作燃气具是安装维修服务中最基本的要求，而乐于助人一直以来就是中华民族的传统美德，更应被不断地发扬光大。

3）遵纪守法，上门服务。遵纪守法，上门服务是燃气具安装维修工安全操作的必要前提，也是职业守则的内容。其中遵纪守法是全社会每个公民应尽的社会责任和道德义务，上门服务是本着以客户为中心，以质量求生存，以技术求发展，以人为本，全心全意的服务宗旨。

4）热情周到，礼貌待客。这是燃气具安装维修工应具备的基本职业素养。做好本职工作、热情周到是从业人员一种自觉主动的观念和愿望，是发自从业人员的内心，并形成的一种本能和习惯。

5）责任意识，安全至上。责任意识，安全至上是燃气具安装维修工安全生产的第一要务。从业人员清楚明了地知道自己的岗位责任，自觉、认真地履行岗位职责，并将责任转化到行动中的自觉意识即责任意识。安全至上是燃气具安装维修行业对从业人员最基本的工作要求。

6）刻苦学习，勤奋钻研，不断提高自身素质。

7）注重效益，奉献社会。

8）遵守行业规定，不弄虚作假。

第二节　基础知识

一、识图知识

（一）机械识图基础知识

图样是指导燃气具设计与生产的重要文件，掌握必要的机械识图知识是中级

燃气具安装维修工按照设计要求进行燃气具安装、维修和施工的必备要求。

1. 视图

将物体按正投影法向投影面投射时所得到的投影称为“视图”。

（1）基本视图　基本视图是将机件向6个基本投影面投影所得的视图，它们是主视图、左视图、右视图、俯视图、仰视图及后视图。图1-1是基本投影面连同其上面的视图展开的方式。

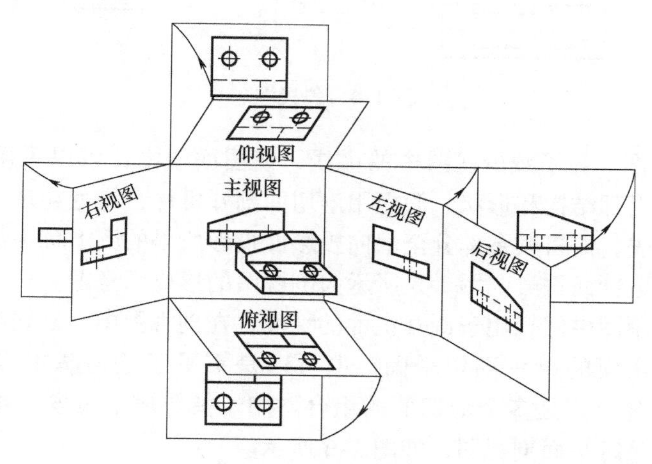

图1-1　基本投影面

（2）向视图　有时为了合理设计图样，基本视图不能按照配置关系布置时，可以用向视图来表示。向视图是可以自由配置的视图。如图1-2所示，*B*、*C*、*D*、*E*即为向视图。

（3）局部视图　将机件的某一部分（即局部）向基本投影面投射所得的视图称为局部视图，如图1-3所示。

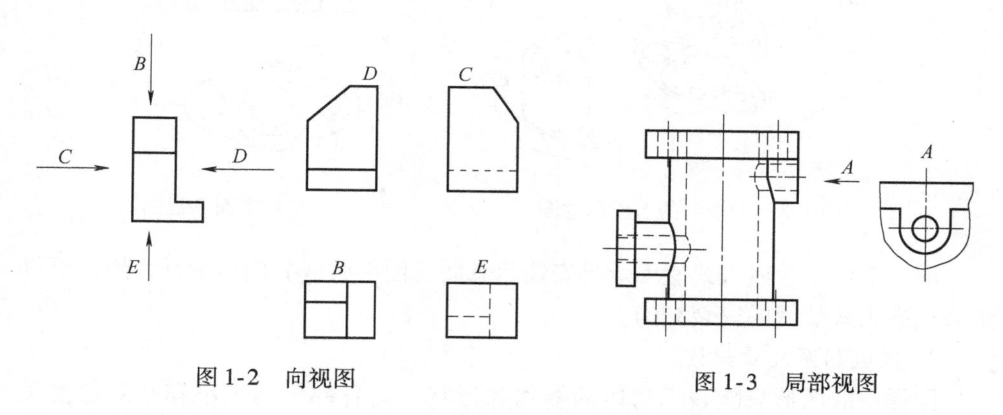

图1-2　向视图

图1-3　局部视图

（4）斜视图　斜视图是机件向不平行于基本投影面的平面投影所得的视图，

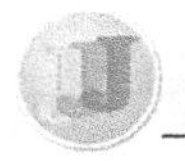

只用于表达机件倾斜部分的局部形状，如图 1-4 所示。

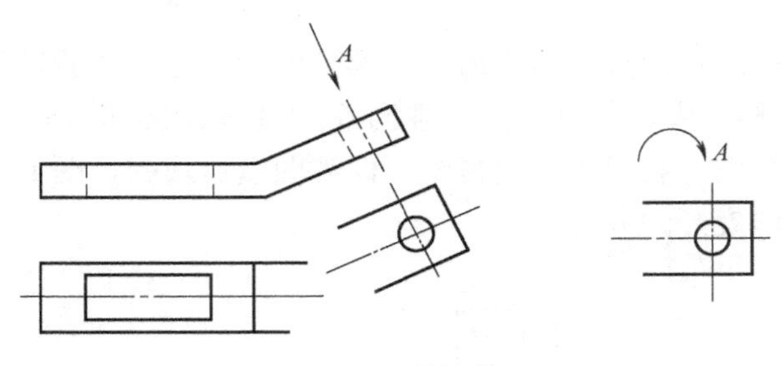

图 1-4　斜视图

（5）剖视图　为了减少视图中的虚线，使图面清晰，可以采用剖视的方法来表达机件的内部结构和形状。假想用剖切面剖开机件，将处在观察者和剖切面之间的部分移去，而将其余部分全部向投影面投影所得的图形称为剖视图，并在剖面区域内画上剖面符号。图 1-5 所示为剖视图的形成示意图。

剖切面是制图中假想用于剖开机件的平面，在剖视图中，剖切面可以是平行于某一基本投影面的单一剖切平面，也可以是不平于任何基本投影面的斜面（斜剖切面），还可以是多个剖切面的组合。用于指导燃气具安装维修作业所用的图样通常为平行平面剖视图，如图 1-6 所示。

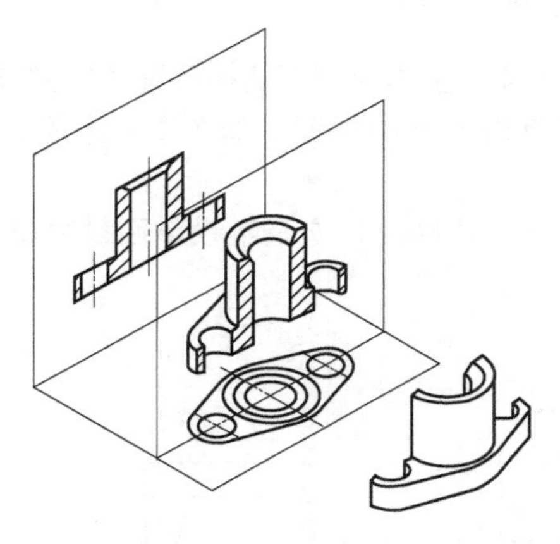

图 1-5　剖视图的形成示意图

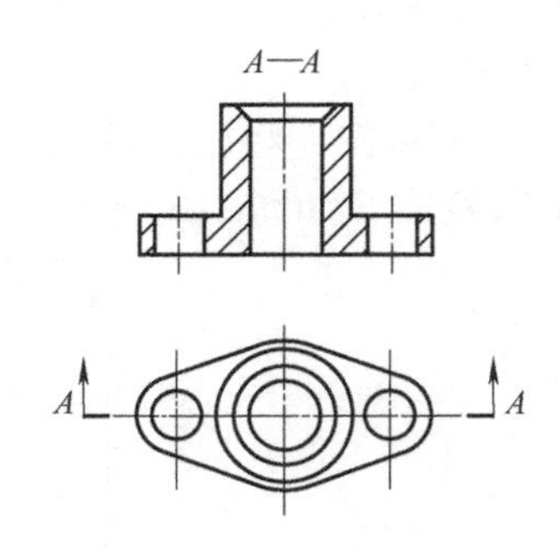

图 1-6　平行平面剖视图

图 1-7 所示为嵌入式燃气灶具安装示意图，图中将嵌装橱柜剖开，用以更好地表达嵌入式灶具的安装结构。

2. 机械制图尺寸识读

图样中的图形只能表示物体的结构和形状，其各部分的大小和相对位置关系，必须由尺寸来确定。尺寸是图样的重要组成部分，掌握尺寸的识读方法是机

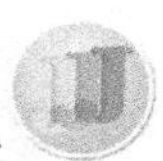

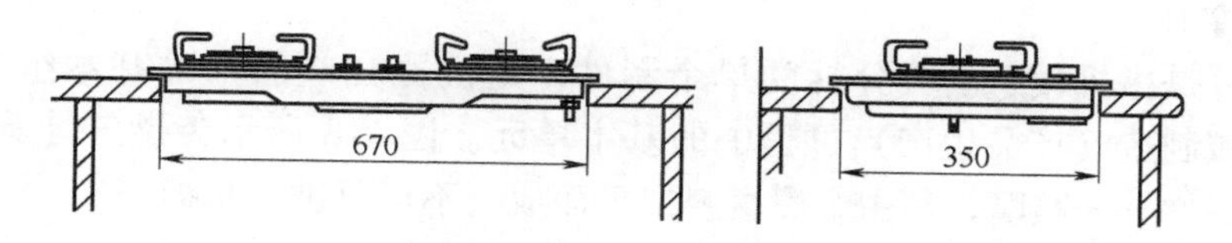

图 1-7　嵌入式燃气灶具安装示意图

械识图的重要内容。

（1）尺寸识读基本规则

1）尺寸数值为物体的真实大小，与图样比例及绘图的准确度无关。

2）机械制图中尺寸单位为“mm”，如采用其他单位时，会注明单位名称。

3）每个尺寸一般只标注一次，识读时需要综合图样上的所有视图来完整识读零件的尺寸。

（2）尺寸标注符号及图例　常用尺寸标注的类型及图例见表 1-1。

表 1-1　常用尺寸标注的类型及图例

尺寸类型	图　例	尺寸类型	图　例
线性尺寸	15　20　40	球体半径	SR8
直径	ϕ20	角度	30°
半径	R3	弧长	⌒44.58
球体直径	Sϕ16		

（二）零部件基础知识

燃气具产品是由多个零部件组合而成，以实现其功能和使用价值的。

1. 零件

零件是指机械中不可分拆的单个制件，是机器（产品）的基本组成要素，也是机械制造（产品生产）过程中的基本单元。图 1-8 所示为燃气灶具产品上的一个零件——喷嘴，其由金属材料加工而成，不可再进一步拆分。

2. 部件

部件是机械（产品）的一部分，由两个或两个以上零件组合而成。在燃气具产品中，部件通常具有特定的功能或结构，如阀体、燃烧器、水箱等均为部件。图 1-9 所示为燃气灶具中的阀体部件——旋塞阀，它由主体气路铝铸件、喷嘴、阀芯、风门片、操作杆等诸多零件组装而成。

图 1-8　喷嘴

图 1-9　旋塞阀

（三）建筑识图基础知识

燃气具的安装维修与建筑的结构布局息息相关，掌握建筑识图的相关知识是中级燃气具安装维修人员的必备要求。

1. 尺寸标注

（1）尺寸单位

1）米（m）：用于标高及总平面图。

2）毫米（mm）：除标高及总平面图外。

（2）一般尺寸注法　线性尺寸起止符号一般用中粗斜短线绘制，其倾斜方向应与尺寸界线呈顺时针 45°，长度宜为 2 ~ 3mm，如图 1-10 所示。半径、直径、角度与弧长的尺寸起止符号，用箭头表示。除线性尺寸的起止符号外，常用尺寸的其余标注方法与机械制图相同，见表 1-1。

（3）坡度　标注坡度时，应加注坡度符号，该符号为单面箭头，箭头应指

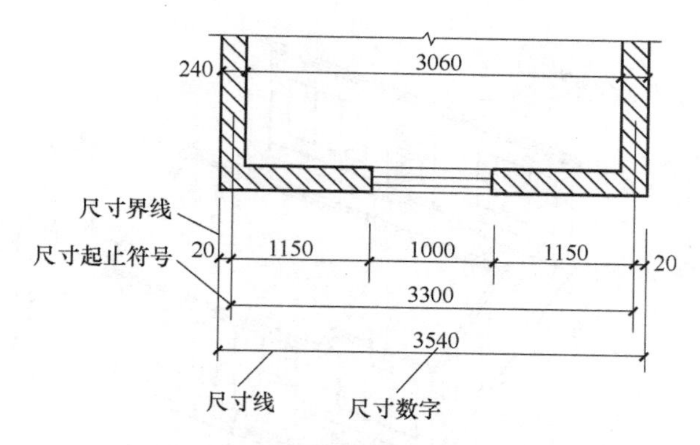

图 1-10　建筑制图线性尺寸注法

向下坡方向，坡度也可用直角三角形形式标注，如图 1-11 所示。

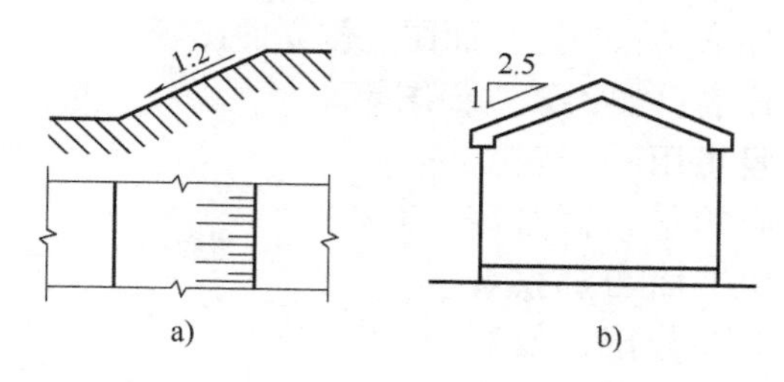

图 1-11　坡度

a）单面箭头　b）直角三角形

2. 建筑图样基本类型

（1）平面图　假想用一个水平的剖切平面沿着窗台以上的门窗洞口处将房屋剖切开，移走剖切平面以上的部分，进而得到的水平剖面图称为建筑平面图，简称平面图，可采用正投影法加以绘制。除屋顶平面图以外，建筑平面图是一个水平全剖面图，如图 1-12所示。

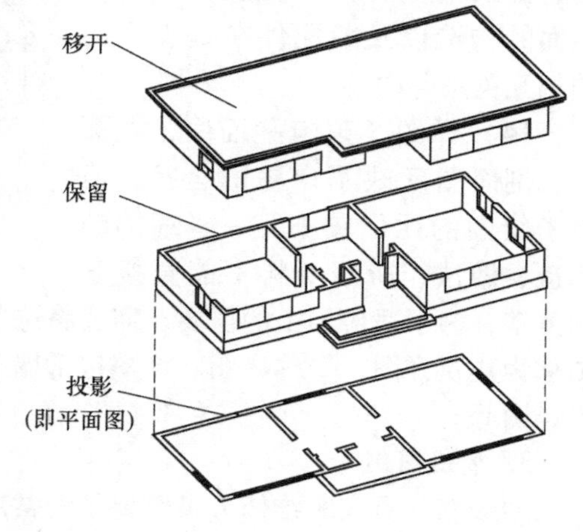

图 1-12　平面图

（2）立面图　建筑立面图是在与房屋立面平行的投影面上所做的正投影图，如图 1-13 所示。

立面图的命名方式有：

1）以朝向命名：如北立面图、南立面图等。

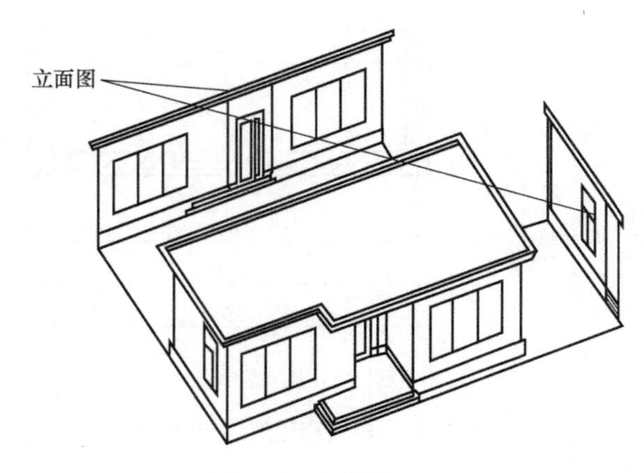

图 1-13　立面图

2）以正、背、侧命名：如正立面图、侧立面图等。

3）以定位轴线命名：如 A-A 立面图等。

（3）剖面图　假想用一个正立投影面或侧立投影面的平行面将房屋剖切开，移去剖切平面与观察者之间的部分，将剩下部分按正投影的原理投射到与剖切平面平行的投影面上，得到的图称为剖面图，如图 1-14 所示。

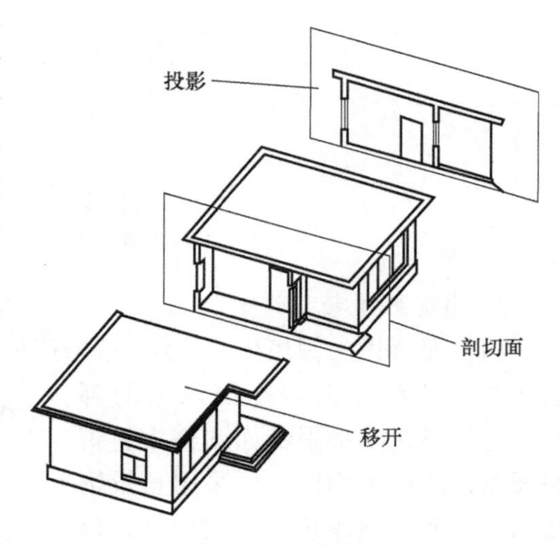

图 1-14　剖面图

剖面图主要表示房屋的内部结构、分层情况、各层高度、楼面和地面的构造以及各配件在垂直方向的相互关系等内容。

（4）详图　建筑平面图、立面图、剖面图反映了房屋的全貌，但由于绘图的比例较小，一些细部的构造、做法、所用材料不能直接表达清楚，为了适应施工的需要，需要将这些部分用较大的比例单独画出，这样的图称为建筑详图，简称详图。详图包括墙身详图、楼梯详图、门窗详图和管道施工详图等。

3. 常用图例

中级燃气具安装维修人员需要了解常用建筑构造图例以及常用管道图例。

（1）常用建筑构造图例　常用建筑构造图例见表 1-2。

表 1-2　常用建筑构造图例

名　称	图　例	名　称	图　例
检查孔	检　检	单层固定窗	
孔洞			
烟道		左右推拉窗	
通风道			
新建的墙和窗		单层外开上悬窗	
单扇门		双扇门	

（2）常用管道图例　常用管道图例见表 1-3。

表 1-3　常用管道图例

名　称	图　例	名　称	图　例
闸阀		异径管	
气动阀		法兰	
止回阀		消声止回阀	
减压阀		法兰连接	
带手动装置的截门		螺塞	
放气管		放气阀	
压力表		漏气检查点	

4. 燃气管道施工图的识读

作为中级燃气具安装维修人员，应该进一步掌握建筑图中燃气管道施工图的识读方法，以下为一幢五层住宅的燃气管道平面图、立面图、轴测图和详图等。

图 1-15 所示为一幢两单元五层住宅的室内燃气管道平面图。

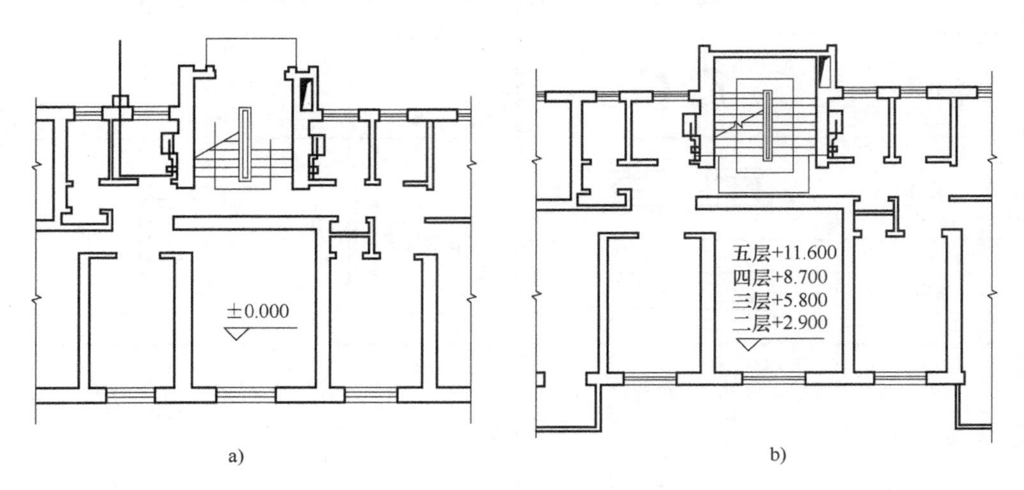

图 1-15　室内燃气管道平面图

a）一层平面图　b）二层至五层平面图

图 1-16 所示是以建筑图为依据的图 1-15 所示的室内燃气管道五层的立面图。

图 1-17 所示为室内燃气管道轴测图，它表达了该建筑物内 10 个厨房中燃气管道的安装位置和尺寸。

图 1-18 所示为进入建筑物的用户引入管详图，它表达了管道进入建筑物的位置和穿过墙的施工方法。

二、燃气具知识

（一）燃气燃烧基础知识

1. 燃气的燃烧条件

燃气中的可燃成分（H_2、CO、C_nH_m 和 H_2S）在一定条件下与氧气发生激烈的化学反应，并产生大量热和光的过程称为燃烧。燃气燃烧的三要素是：可燃气体、空气与点火源。

2. 燃气燃烧的理论空气量和实际空气需要量

（1）理论空气量　燃气燃烧需要供给适量的氧气，氧气过多或过少都对燃烧不利，燃气在燃气具产品中燃烧所需要的氧气一般是从空气中直接获得。

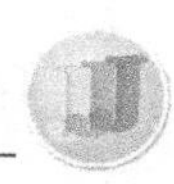

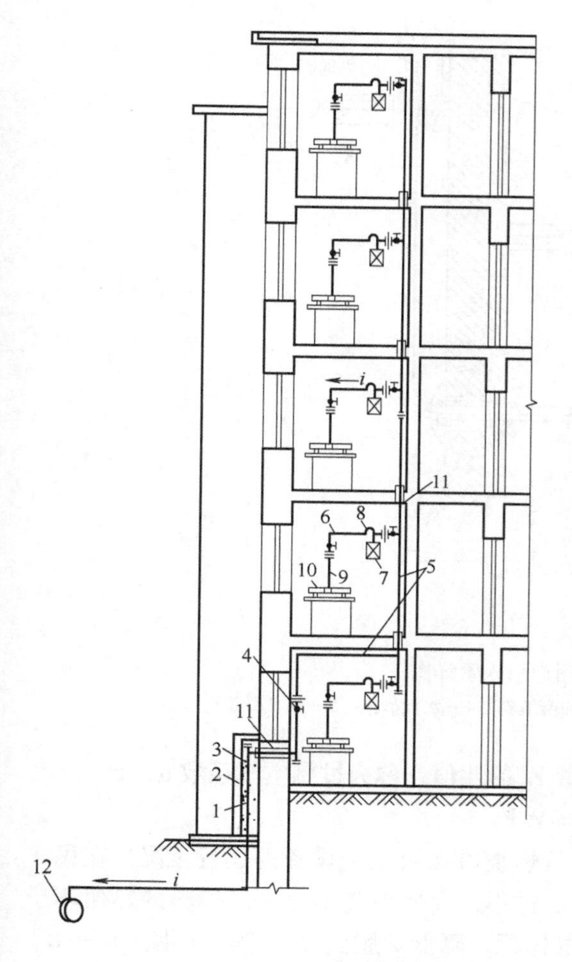

图 1-16　室内燃气管道立面图

1—用户引入管　2—转台　3—保温层　4—引入口总阀门　5—水平干管及立管　6—用户支管　7—燃气表　8—软管　9—燃具连接管　10—燃气具　11—套管　12—庭院支管

图 1-17　室内燃气管道轴测图

所谓理论空气量，是指 $1m^3$（或 1kg）燃气根据燃烧反应计量方程式计算完全燃烧所需的空气量，单位为 m^3/m^3 或 m^3/kg。理论空气量也是燃气完全燃烧所需的最小空气量。

燃气的热值越高，燃烧所需要的理论空气量越多。

（2）实际空气需要量　燃气在实际燃烧过程中，与空气很难达到充分混合的理想状态，为保证充分燃烧，实际供给的空气量应大于理论空气量。

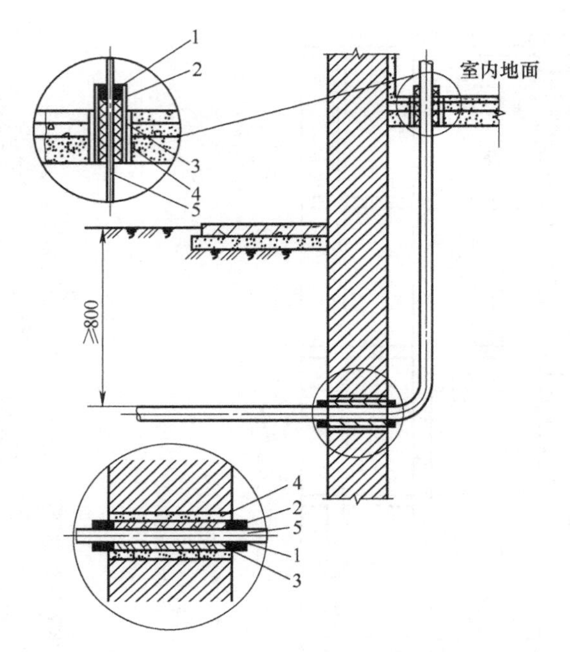

图 1-18　用户引入管详图

1—沥青密封层　2—套管　3—油麻填料　4—水泥砂浆　5—燃气管道

实际供给的空气量 V 与理论空气量 V_0 的比值，称为过剩空气系数 α，即

$$\alpha = V/V_0$$

通常 $\alpha > 1$，α 值的大小取决于燃气燃烧方法及燃烧设备的运行工况。在民用燃具中，一般控制在 1.3～1.8。若 α 过小，会使燃烧不完全，燃料的热值不能充分释放；若 α 过大，则易增加烟气体积，降低炉膛温度，增加排烟热损失，使燃烧设备的热效率降低。

3. 燃气燃烧的理论烟气量和实际烟气量

燃气燃烧后的产物就是烟气。

（1）理论烟气量　当只供给理论空气量时，燃气完全燃烧产生的烟气量称为理论烟气量。理论烟气的组分是 CO_2、SO_2、N_2 和水蒸气。其中前 3 种组分合在一起称为干烟气，包括水蒸气在内的烟气称为湿烟气。

（2）实际烟气量　当有过剩空气时，烟气中除理论烟气组分外尚含有过剩空气，这时的烟气量称为实际烟气量。如果燃烧不完全，烟气中除含有 CO_2、SO_2、N_2 和水蒸气外，还含有少量 CO、CH_4、H_2 等可燃组分。

4. 燃气的着火温度

燃气在空气中引起自燃的最低温度称为着火温度，又称为燃点。着火温度并

不是一个固定的数值，它取决于可燃气体在空气中的浓度、混合程度、压力、燃烧室工况和有无催化剂等因素。工程上燃气实际的着火温度由实验确定。

5. 燃气的燃烧稳定性

燃气燃烧的稳定性是以有无脱火、回火和离焰等现象来衡量的。正常燃烧时，燃气离开火孔的速度与燃烧速度相一致，这样在火孔上就会形成一个稳定的火焰。

如果燃气离开火孔的速度大于燃烧速度，火焰就不能稳定在火孔出口处，而是离开火孔一定距离，并有轻微的颤动，这种现象叫作离焰。如果燃气离开火孔的速度继续增大，则火焰继续上升，最终熄灭，这种现象叫脱火。

当燃气离开火孔的速度小于燃烧速度时，火焰向火孔内部传播，导致混合气体在燃烧器内部进行燃烧，形成不稳定燃烧，这种现象称为回火。点火、熄火和低热负荷时都易发生回火现象。

当燃烧时空气供应不足（如风门关小）时，燃气燃烧不完全，此时在火焰表面将形成黄色边缘，这种现象称为黄焰。

总之，造成脱火、回火和黄焰的原因，与一次空气系数、火孔出口流速、火孔直径及制造燃烧器的材料等因素有关。

6. 燃气火焰的传播速度和传播方式

（1）火焰的传播速度　燃气与空气混合气体中，单位时间内火焰面向未燃气体方向传播或燃烧的速度叫作火焰传播速度，又称为燃烧速度。燃烧速度是气体燃烧最重要的指标之一，其大小与燃气成分、温度、混合速度、混合气体压力及燃气与空气的混合比例有关，与流速和管径无关。

燃烧速度不仅对火焰的稳定性和燃气的互换性有很大影响，而且对燃烧方法的选择和燃具的安全使用同样具有重要的意义。

（2）火焰的传播方式

1）正常火焰传播。火焰只依靠传导作用，将热量依次传递给未燃气体，使其着火燃烧，这种火焰传播过程称为正常火焰传播。

2）爆炸。可燃气体和空气混合物在密闭的容器中局部着火，由于高温燃烧产物的体积不断膨胀，进而引起压力急剧增加，压缩未燃烧的混合气体。当未燃气体达到着火温度时，容器内的全部混合物在一瞬间完全燃尽，容器内压力猛烈增大，这种现象称为爆炸。

3）爆燃。燃烧空间足够大时，可燃混合物的火焰面在极短时间内向未燃烧气体迅速推进并完成燃烧的现象称为爆燃。爆燃压力可高达 2×10^6Pa，温度可达 6000K，火焰传播速度达 1000 ~ 3500m/s。爆燃具有很大的破坏作用。

7. 燃气的爆炸极限

燃气与空气的混合物中燃气所占的比例称为燃气的浓度。燃气和空气的混合物并不是在任何燃气浓度下都能遇火爆炸，燃气浓度过小或过大都不会发生爆炸。

某种燃气与空气混合后，能够使混合物与火发生爆炸的最小和最大燃气浓度称为该种燃气的爆炸极限。能够使混合物发生爆炸的最小燃气浓度称为该种燃气的爆炸下限，能够使混合物发生爆炸的最大燃气浓度称为该种燃气的爆炸上限。爆炸上限和下限之间的燃气浓度称为该种燃气的爆炸浓度范围。爆炸极限与燃气的种类、组分和温度有关。液化石油气的爆炸极限为1.5%～9.5%，天然气的爆炸极限为4.2%～15%，人工燃气的爆炸极限为4.5%～70%。

8. 燃气的燃烧方式

燃气完全燃烧必须混有足够的空气。燃气与空气的混合方法有两种：一种是在燃气燃烧前预先与空气混合，这部分预先混合的空气叫作一次空气，一次空气量与理论空气量的比值称为一次空气系数，用 α 表示；另一种是在燃烧过程中依靠扩散作用，燃气与周围空气进行混合，这部分空气称为二次空气。

根据燃气与空气在燃烧前的混合情况，可将燃气的燃烧方法分为三种：扩散式燃烧法、部分预混式燃烧法、完全预混式燃烧法。

（1）扩散式燃烧法　将管口喷出的燃气点燃进行燃烧，燃烧所需的氧气依靠扩散作用从周围大气获得，这种燃烧方式称为扩散式燃烧。扩散式燃烧是最基础的燃烧方式，存在燃烧不完全、燃烧温度低等缺点，目前家用燃气具上均不采用该种燃烧方式。

（2）部分预混式燃烧法　燃气燃烧时，预先混入了一部分燃烧所需的空气，这一部分预混空气称为一次空气，一次空气量与理论空气量的比值称为一次空气系数，通常一次空气系数 $\alpha=0.45\sim0.75$。这种燃烧方法称为部分预混式燃烧或大气式燃烧。

混合气体从火孔流出一经点燃，就有部分燃气靠一次空气首先进行燃烧，形成了火焰的内锥（焰心），剩下的燃气仍靠扩散作用和周围的空气（称为二次空气）混合燃烧，形成了火焰的外锥。部分预混式燃烧使燃烧得以强化，燃烧更为完全，火焰温度也得到了提高。

部分预混式燃烧因其良好的燃烧特性在现燃气具产品上得到广泛应用，图1-19为燃气灶具上常用的部分预混式燃烧器，它由喷嘴、调风板、引射管、燃烧器头部和火盖等组成。

（3）完全预混式燃烧法　按照一定比例将燃气、空气均匀混合，再经燃烧器喷口喷出，进行燃烧。由于预先均匀混合，可燃混合气一到达燃烧区就能在瞬间燃烧完毕，燃烧火焰很短，甚至看不见火焰，故也称为无焰燃烧法。

在燃烧之前，将燃气与空气按 $\alpha\geqslant1$ 预先混合，然后通过燃烧器喷嘴喷出进行燃烧。这时，燃烧过程的快慢，完全取决于化学反应的速度。实际上，因为燃

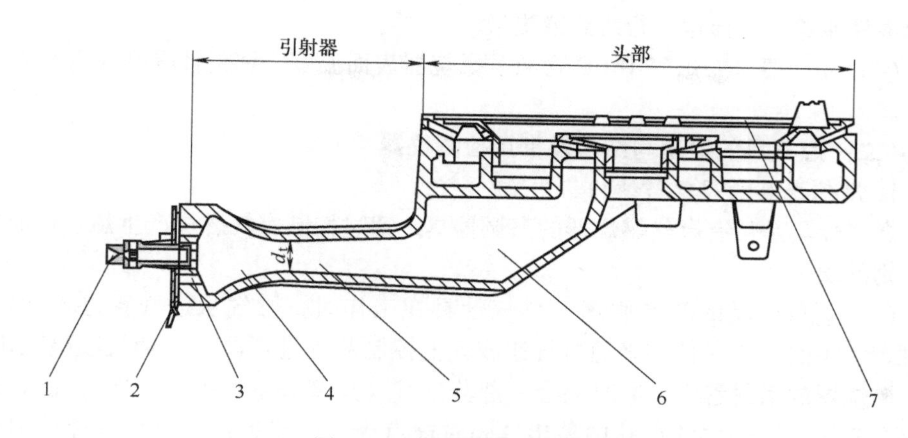

图 1-19　部分预混式燃烧器

1—喷嘴　2—调风板　3—一次空气口　4—吸气收缩管　5—引射管喉部　6—扩压管　7—火盖

气与空气不再需要混合，可燃混合气在到达燃烧区域时就能瞬间燃烧完毕。

完全预混式燃烧在燃气具上也得到了广泛应用，如热水器中鼓风式完全预混燃烧器，依靠强制鼓风的形式补充足够的一次空气。红外线燃气灶具上所用的燃烧器也是完全预混式燃烧器，如图 1-20 所示，通过引射管和燃烧器头部等的结构设计，使得自然引射的一次空气量大于或等于理论空气需要量，一般 $\alpha=1.03\sim1.06$，空气和燃气在燃烧器头部的预混腔内充分混合后再从火孔逸出形成完全预混式燃烧。

9. 燃烧器的技术要求

任何一种燃气燃烧器的工作都是为了满足一定生产或生活条件的要求。一般来说，一种性能良好的燃烧器主要应满足如下要求：

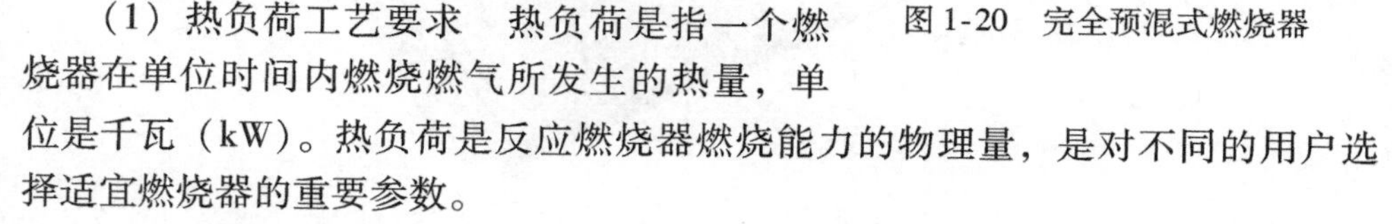

图 1-20　完全预混式燃烧器

（1）热负荷工艺要求　热负荷是指一个燃烧器在单位时间内燃烧燃气所发生的热量，单位是千瓦（kW）。热负荷是反应燃烧器燃烧能力的物理量，是对不同的用户选择适宜燃烧器的重要参数。

（2）燃烧质量要求　在额定压力下，燃烧器能达到一定的热负荷，以满足使用需求；燃烧产物污染程度小，燃烧噪声低，符合相关标准要求；燃烧稳定性强，当燃气压力和热值在正常波动范围内及正常的负荷调节范围内时，不会发生脱火和回火等现象；燃烧效率高，保证燃气安全充分燃烧，其热量得到充分利用。

（3）结构和材质要求　调节方便，经久耐用；拆卸和组装简单，便于检修；

易损零件能够很方便地进行维修或更换。

（4）安全要求　烟气中CO含量、燃烧器表面温度、密封性等都应符合安全要求。

（二）燃气具的原理与结构及常用检测仪器

1. 燃气灶具的原理与结构

燃气灶具是带有燃气燃烧器的烹调器具，通过控制燃气燃烧产生热量进而加热食物的炊具。

（1）燃气灶具的基本原理　燃气灶具在工作时，燃气从进气管进入灶内，经过燃气阀的调节（使用者通过旋钮或其他控制装置进行调节）通过喷嘴喷出，进入燃烧器的引射管中，同时混合一部分空气（这部分空气称为一次空气），这些混合气体从燃烧器的火孔中喷出，同时被点火系统点燃形成火焰（燃烧时所需的空气称为二次空气），火焰点着后使熄火保护装置工作，使燃气灶具正常安全地运行。

（2）燃气灶具的工作原理和结构　燃气灶具一般由供气系统、燃烧系统、点火系统、熄火保护系统以及其他部件组成。图1-21所示为燃气灶具结构示意图。

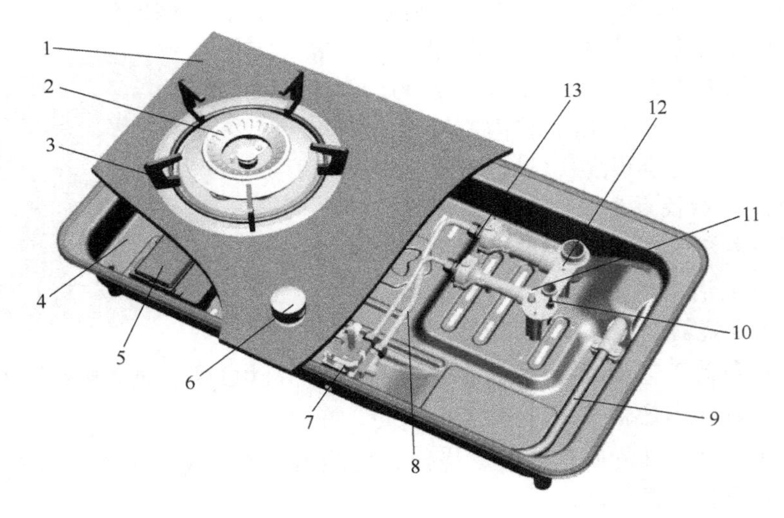

图1-21　燃气灶具结构示意图

1—面板　2—火盖　3—锅支架　4—底壳　5—点火器　6—旋钮　7—燃气阀　8—输气管　9—进气管　10—热电偶　11—点火针　12—炉头　13—喷嘴

1）供气系统。燃气灶具的供气系统主要包括进气接头、进气管、燃气阀和输气管等。灶具接入燃气并打开进气阀后，燃气从进气接头进入，通过进气管输送至燃气阀，通过调节燃气阀后，燃气从燃气阀流出并进入输气管，再通至喷

嘴，部分灶具将喷嘴直接安装到燃气阀上，这样可以省略输气管。燃气供气系统对气密性要求非常严格，以保障灶具的使用安全。图 1-22 所示为燃气流向示意图。

图 1-22　燃气流向示意图

2）燃烧系统。燃气灶具的燃烧系统主要包括喷嘴、调风板以及燃烧器，燃烧器又包括引射管和头部。燃烧系统的工作原理是：燃气在一定压力下，以一定流速从喷嘴流出，进入引射管，燃气靠本身的能量吸入一次空气。在引射管内燃气和一次空气混合，然后经头部火孔流出，进行燃烧，形成本生火焰。调风板的作用就是调节风门的大小来改变一次空气进入的多少，以改善火焰状态，从而获得良好的燃烧工况。

3）点火系统。燃气灶具的点火系统主要包括压电陶瓷点火（电子点火）和脉冲连续点火（简称脉冲点火）两种形式。

4）熄火保护系统。燃气灶具的熄火保护系统主要对燃气灶的使用起安全保护作用。当燃气在燃烧过程中，火焰意外熄灭时自动切断气源以确保使用安全。熄火保护系统目前主要有热电偶熄火保护系统和离子熄火保护系统两种。

5）其他部件。燃气灶具的其他部件主要包括壳体、面板、盛液盘、支架和旋钮等。

2. 燃气热水器的原理与结构

燃气热水器是采用燃气作为能源，通过燃气燃烧产生的热量对水加热从而产生热水的设备。

（1）燃气热水器的基本原理　燃气热水器的基本原理是冷水进入热水器，流经水气联动阀，在流动水的一定压力差值作用下，推动水气联动阀，同时推动直流电源微动开关将电源接通并启动脉冲点火器，与此同时打开燃气输气电磁阀，通过脉冲点火器连续放电点火，直到点火成功进入正常工作状态，即各检测感应部件检测到正常信号并反馈给控制器，维持电源和电磁阀接通，点火过程连续维持 5～10s。燃气在燃烧室内燃烧产生高温烟气，高温烟气流经热交换器，将热量传递至流经换热器的水流，产生源源不断的热水。当燃气热水器在工作过程中或点火过程中出现缺水或水压不足、断电、缺燃气、热水温度过高、意外熄火等故障时，控制器将通过检测感应部件反馈的信号，自动切断电源，燃气输送电磁阀在断电的情况下立刻恢复原来的常闭状态。也就是说，此时已切断燃气，关闭燃气热水器起到安全保护作用。

（2）燃气热水器的主要结构　燃气热水器主要由燃气系统、水路系统、控制系统、换热系统和排烟系统等构成。图1-23所示为常见强排式热水器的基本结构。

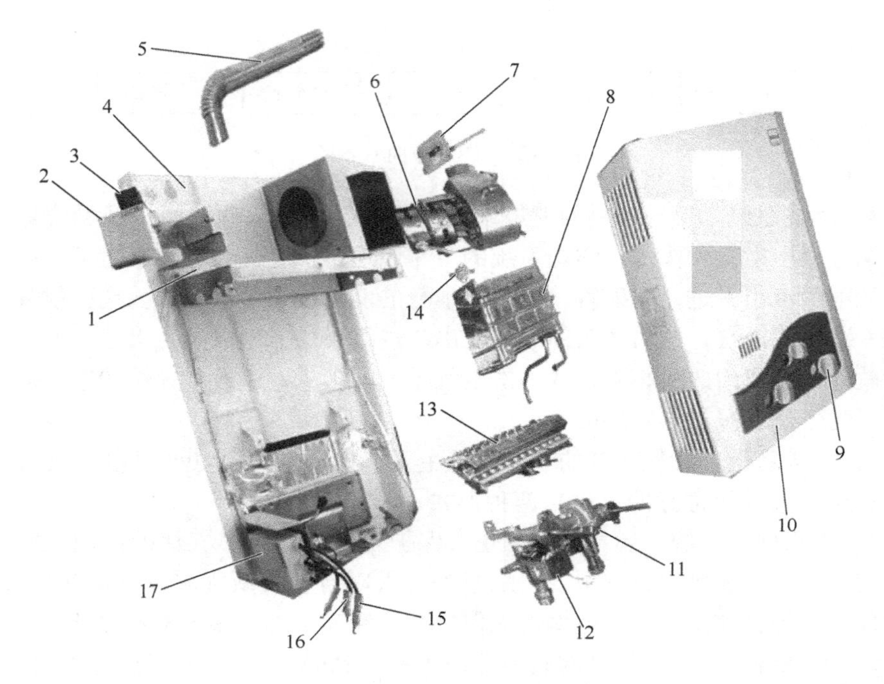

图1-23 强排式热水器的基本结构

1—底壳固定板 2—电控器 3—电容器 4—底壳 5—强排烟管 6—风机 7—风压开关 8—热交换器 9—开关旋钮 10—面壳 11—水气联动阀 12—电磁阀 13—燃烧器 14—温控器 15—点火针 16—离子感应针 17—脉冲发生器

1）燃气系统。燃气系统主要包括燃气阀（旋塞阀、电磁阀和比例阀）、小火燃烧器、主火燃烧器及输气管等，负责燃气的输送和燃烧。

2）水路系统。水路系统主要为水气联动装置以及各连接水管，水气联动装置是指水流动时将燃气通路打开，水停止流动时切断燃气通路的装置。水气联动装置主要包括水膜阀、水控开关和水流量传感器。

3）控制系统。控制系统主要负责热水器的点火、操作调节、安全保护等功能，包括主控器、点火装置、熄火保护装置、防过热安全装置、泄压安全装置、烟道堵塞安全装置、风压过大安全装置和水温控制装置等。

4）换热系统。换热系统是将高温烟气的热量传递给冷水的系统，主要包括热交换器和燃烧室。热交换是由传热性能良好的材料制成的翅片与水管串联组装而成的。

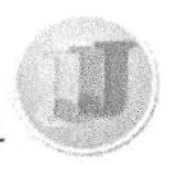

5）排烟系统。排烟系统是将热水器内燃烧产生的烟气排放出去的系统，主要包括集烟罩、风机、排烟管等。集烟罩用于收集烟气；风机的作用是将烟气强制排到室外，只用在强制排烟和强制给排气热水器上；排烟管是将烟气排至室外的输送管道。

3. 燃气具常用检测仪器

燃气具安装维修时的常用的检测仪器包括便携式数显压力计、便携式气体检测仪、风速仪等。

（1）便携式数显压力计　便携式数显压力计是快速测量管道燃气压力的仪器，如图 1-24 所示。燃气具安装维修作业时一般选用 ± 10kPa 量程的数显压力计。使用时用胶管将被测气体接口与压力计的正压接嘴（燃气压力均为正压）连接起来，然后读取压力数值即可。

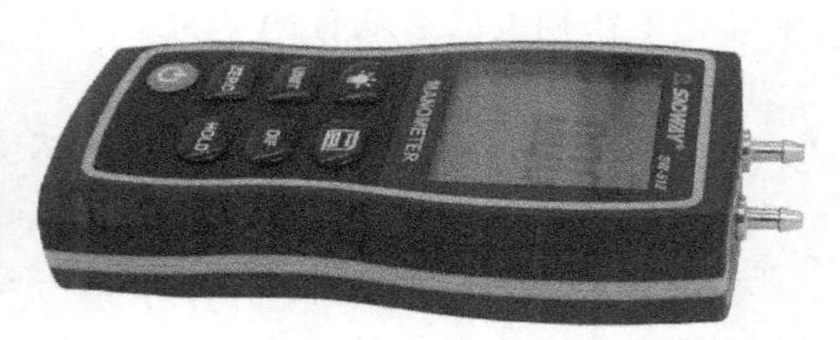

图 1-24　便携式数显压力计的外形

（2）便携式气体检测仪　便携式气体检测仪主要利用气体传感器来检测环境中存在的气体种类，气体传感器是用来检测气体的成分和含量的传感器。便携式气体检测仪使用时将气体采样探头伸至气路各连接部位，观察显示屏显示的气体浓度判断有无漏气。便携式气体检测仪的外形如图 1-25 所示。

（3）风速仪　风速仪在燃气具安装维修时用于检测安装环境中的空气流速以及排烟设备和管路是否正常工作等。为方便携带和读数，燃气具安装维修时常用的风速仪为手持数显式风速仪，如图 1-26 所示。使用时将仪器打开，将测量杯置于测量位置，读取数值即可，风速单位一般为 m/s。

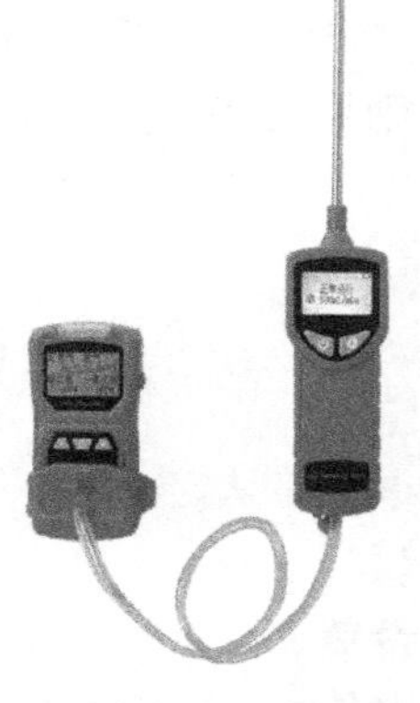

图 1-25　便携式气体检测仪的外形

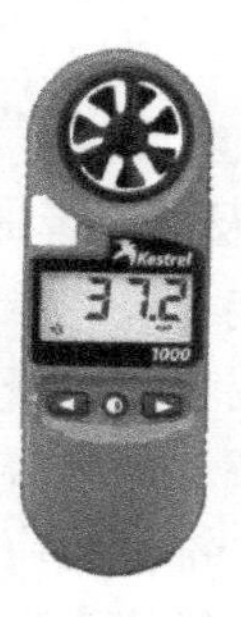

图 1-26　手持数显式风速仪的外形

三、法律法规知识

(一)《中华人民共和国环境保护法》相关知识

《中华人民共和国环境保护法》由第十二届全国人民代表大会常务委员会第八次会议于2014年4月24日修订通过，自2015年1月1日起实施。

我们的生存环境正面临着严峻的挑战，各行各业应该在各自行业领域对环境进行保护，不要触犯环境保护法律的底线，否则，将承担相应的法律责任。与维修安装工工作相关的条款有：

1. 第一章：总则

第六条　一切单位和个人都有保护环境的义务。

地方各级人民政府应当对本行政区域的环境质量负责。

企业事业单位和其他生产经营者应当防止、减少环境污染和生态破坏，对所造成的损害依法承担责任。

公民应当增强环境保护意识，采取低碳、节俭的生活方式，自觉履行环境保护义务。

2. 第三章：保护和改善环境

第三十八条　公民应当遵守环境保护法律法规，配合实施环境保护措施，按照规定对生活废弃物进行分类放置，减少日常生活对环境造成的损害。

燃气具安装维修后，遗留的包装物品很多，如包装泡沫、包装纸箱、塑料袋，以及维修更换下来的金属、塑料等配件，需要按照可回收物和不可回收物进行分类，分别放置在不同的回收箱内分类处理，节约资源，减少废弃物对环境的污染。

(二)《家用燃气燃烧器具安全管理规则》相关知识

《家用燃气燃烧器具安全管理规则》(GB 17905-2008) 规定了家用燃具和配件的安全要求，燃具生产者、燃具销售者、燃气供应者、燃具安装者和燃具消费者的责任和义务。《家用燃气燃烧器具安全管理规则》与维修安装工工作有关的内容如下：

1. 责任和义务

燃具安装者及维修者的责任和义务如下：

1）燃具安装单位、维修单位必须经过资格认定。

2）燃具安装者、维修者必须经过培训，并获得资格认定。

3）燃具安装、维修必须符合相关标准的规定。

4）安装者、维修者应对安装和维修的燃具质量负责。

5）安装者、维修者有义务向消费者进行安全宣传。

这些内容明确规定了从事燃具维修安装的单位和个人都必须要取得从业资

格；维修安装工必须严格按国家和行业的相关标准与要求进行作业，对维修和安装的结果负责；维修安装工有义务向消费者宣讲安全使用燃气和燃具的相关知识。

2. 家用燃具的判废

家用燃具的判废规定如下：

1）燃具从售出当日起：

① 使用人工燃气的快速热水器、容积式热水器和采暖热水炉的判废年限应为6年。

② 使用液化石油气和天然气的快速热水器、容积式热水器和采暖热水炉的判废年限应为8年。

③ 燃气灶具的判废年限应为8年。

④ 燃具的判废年限有明示的，应以企业产品明示为准，但是不应低于以上的规定年限。

⑤ 上述规定以外的其他燃具的判废年限应为10年。

2）燃气热水器等燃具，检修后仍发生如下故障之一时，即使没有达到判废年限，也应予以判废：

① 燃烧工况严重恶化，检修后烟气中一氧化碳含量仍达不到相关标准规定。

② 燃烧室、热交换器严重烧损或火焰外溢。

③ 检修后仍漏水、漏气或绝缘击穿漏电。

以上内容规定家用燃具的判废年限自用户购买之日起。维修安装工在工作时，发现达到报废年限的燃具，应告知用户及时进行更换，避免发生安全事故。

复习思考题

1. 机械制图中的视图指的是什么？常用的有哪些视图？
2. 机械制图中需要清晰地表达机件的内部结构和形状时，可以用何种视图来表示？
3. 燃气灶具和燃气热水器分别包含哪些主要零部件？
4. 建筑图中的常用符号有哪些？在图中如何表示？
5. 建筑图中基本图样类型有哪些？它们的表示方法和表达内容分别是什么？
6. 一套完整的建筑工程施工图包含哪几个部分？应该按什么样的步骤和方法进行识读？
7. 燃气燃烧的概念是什么？燃气燃烧需要哪三个基本要素？
8. 燃气的爆炸极限指的是什么？常规燃气的爆炸极限浓度分别是多少？
9. 燃气的燃烧方式有哪些？
10. 燃气灶具的工作原理是什么？在结构上可以分为哪几个部分？

第二章

安装维修辅助工作

培训学习目标 熟悉常用的水阀、燃气阀的规格和用途，掌握燃气阀和水阀的选用和安装方法；熟悉燃气具安装和管路施工规范，掌握管路和燃气具的安装方法；熟悉燃气具常见故障原因，掌握燃气具常见故障的检查和排除方法。

第一节 工具、物料及技术准备

一、燃气阀的种类和选用

1. 燃气阀的种类

燃气阀的用途广泛，种类繁多，分类方法也比较多，总体上可分两大类：第一类是自动阀门，即依靠气体本身的能力而自行动作的阀门，如止回阀、调节阀、减压阀等；第二类是驱动阀门，即借助手动、电动、气动来操纵动作的阀门，如闸阀、截止阀、节流阀、蝶阀、球阀和旋塞阀等。

此外，阀门的分类还有以下几种方法：

（1）按结构特征划分 根据关闭件相对于阀座移动的方向可分为：

1）截门形：关闭件沿着阀座中心移动。

2）闸门形：关闭件沿着垂直阀座中心移动。

3）旋塞和球形：关闭件是柱塞或呈球形，围绕本身的中心线旋转。

4）旋启形：关闭件围绕阀座外的轴旋转。

5）蝶形：关闭件的圆盘围绕阀座内的轴旋转。

6）滑阀形：关闭件在垂直于通道的方向滑动。

（2）按结构种类划分

1）旋塞阀、闸阀、截止阀、球阀：用于开启或关闭管道的气体流动。

2）止回阀（包括底阀）：用于自动防止管道内的气体倒流。

3）节流阀：用于调节管道气体的流量。

4）减压阀：用于自动降低管道及设备内气体压力，使气体经过阀瓣的间隙时，产生阻力造成压力损失，达到减压目的。

（3）按用途划分　根据阀门的不同用途可分为

1）截断类：用来接通或切断管路气体，如截止阀、闸阀、球阀、蝶阀和旋塞阀等。

2）止回类：用来防止气体倒流，如止回阀。

3）调节类：用来调节气体的压力和流量，如调节阀、减压阀和节流阀。

4）分配类：用来改变气体流向、分配气体，如三通旋塞、分配阀和滑阀等。

（4）按驱动方式划分　根据不同的驱动方式可分为：

1）手动阀：借助手轮、手柄、杠杆或链轮等，由人力驱动，传动较大力矩时，装有蜗轮、齿轮等减速装置。

2）电动阀：借助电动机或其他电气装置来驱动。

3）气动阀：借助压缩空气来驱动。

2. 燃气阀的选用

在燃气具安装中最常用的阀门有球阀和旋塞阀，如图2-1所示。球阀的阀芯上有一个与管道内径相同的通道，这一通道对供气量有一定保证。因为热水器耗气量比较大，所以热水器进气阀最好使用对供气量有一定保证的球阀。而旋塞阀内的通孔比较小，由于灶具的燃气流量不是很大，因此旋塞阀可作为灶前阀使用。

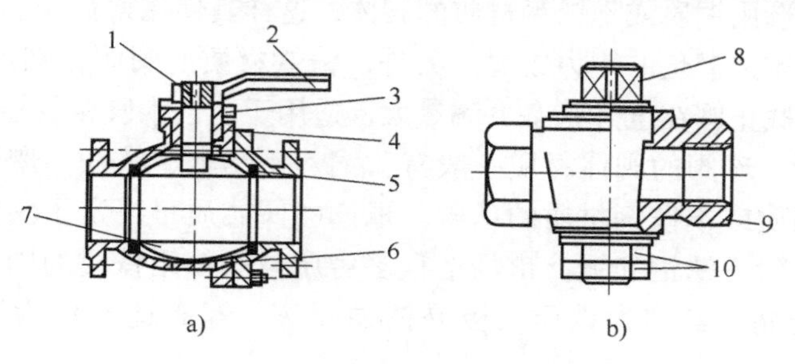

图2-1　阀门

a）球阀　b）旋塞阀

1—转轴　2—手柄　3—填料压盖　4—填料　5—密封圈　6、9—阀体　7—球芯　8—阀芯　10—拉紧螺母

但是，所选用的球阀和旋塞阀都必须是燃气专用阀，严禁用水阀代替燃气阀。在安装燃气阀时要严格依照燃气具的流量来匹配相对应流量的阀门，见表2-1。

表2-1　阀门流量

阀门名称	阀门尺寸/in	阀门流量/(L/h)
胶管阀	9.5mm	>400
	13mm	>1000
柔管阀	1/2	>2000
	3/4	>4000
	1	>6000
器具前阀	1/2	>2000
	3/4	>4000
	1	>6000
活接套阀（螺纹阀）	1/2	>6000
	3/4	>10000
	1	>13000

注：1in=25.4mm。

二、水阀的种类和选用

在燃气具安装中最常用的水阀有截止阀、球阀、混水阀、角阀。角阀是目前在热水器上应用最多的阀门。角阀的结构特性由球阀修正而来，仅有出口与进口呈90°直角的区别。

（1）截止阀　截止阀的阀体材质有：铜、塑料、不锈钢、铸铁。燃气具水路安装时建议选用铜质或不锈钢材质的阀体，这样其使用寿命长、不易老化，而塑料材质的阀体抗老化的能力较弱。另外，铸铁材质的阀体特别容易锈蚀损坏，不建议选用。截止阀在全开状态下流量大，适用于主进水管路的控制。

（2）球阀　球阀的阀体材质一般有：铜、不锈钢、铸铁。燃气具水路安装时一般选择铜质或不锈钢材质的球阀。球阀的阀芯质量决定了阀的质量，一般好的阀芯材料为不锈钢和铜。市场上很多劣质球阀使用铁质的阀芯，经过电镀处理看着很光亮，实则为铁质，极易锈蚀损坏。球阀适于作为燃气具水路连接阀。

（3）混水阀　混水阀的结构非常简单，一般来说主要有两种进水口，一个是热水口，另一个是冷水口，两者分别由开关进行控制，根据开关开度的大小来实现出水量的多少，这样就达到了一种混合的目的。混水阀适于冷热水出水末端使用。

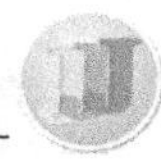

三、燃气具各类阀门安装和连接的技术要求

1. 一般规定

1）安装阀门前，应检查填料，其压盖螺栓应留有一定的调节余量。

2）安装阀门前，应按照设计文件要求核对其型号，并应按照介质流向确定其安装方向。

3）当阀门与管道用法兰或螺栓方式连接时，阀门应在关闭状态下进行安装。

4）水平管道上的阀门，其阀杆及传动装置应按照设计规定安装，其动作应灵活可靠。

5）安装阀门时，不得强力连接，受力要均匀。

2. 阀门安装要求

1）阀门安装高度应便于操作和检修，一般以距离地面 1.2m 为宜；当阀门中心距地面超过 1.8m 时，一般应采用集中布置方式并设置固定平台。

2）阀门安装时应按阀门的指示标记及介质流向，确定其安装方向。

3）阀门应在关闭状态下进行安装。

四、技能操作

1. 按燃气的种类和燃气具流量选择阀门

燃气具宜选用家用手动燃气球阀、旋塞阀作为阀门，选择时依据燃气具对应的流量进行选配使用，阀门流量见表 2-1。具体操作步骤如下：

1）确认燃气具燃气流量的大小，如灶具一个炉头的额定功率为 4kW，整个灶具的功率为 8kW，则其最大流量约为 800L/h。

2）按照表 2-1 找出大于 800L/h 的阀门。表 2-1 中除了 9.5mm 的胶管阀之外，其他阀门的流量都大于 800L/h，考虑到没有必要使用过大管径和流量的阀门，可依据现场情况在 13mm 胶管阀、1/2in 柔管阀、1/2in 器具前阀三类阀门中选择一种使用。

3）若有多台燃气具需要安装，其阀门需要将多台燃气具流量之和作为选择阀门流量的依据。

2. 确认燃气阀门种类、压力与产品的匹配性

1）查验热水器、采暖炉的所用燃气种类、额定燃气压力要求。

2）检查阀门所使用的燃气种类与压力是否相匹配，如果发现不匹配，必须更换匹配的燃气专用阀门后方可安装。

3. 确认水阀压力、流量与产品的匹配性

1）查验热水器、采暖炉的热水生产率、启动压力要求。

2）打开水阀，查验水压及水量的大小。

3）若水流和压力比较小，可使用压力计进行测试。

4）若压力足够但水量不足，可查看阀流量规格和通径。若发现有问题，应更换阀门。

球阀一般在其阀体或手柄上标有公称压力，选购时可根据自己的需要选择。更换现有的闸阀或球阀时，要弄清其结构长度，以免购买后不能安装。三角阀的管螺纹有内螺纹和外螺纹两种，要根据需要选购。

4. 确认阀门安装后的可靠性

具体操作步骤如下：

1）阀门安装前应仔细检查及核对阀门型号、规格是否符合设计要求；检查阀门的开启灵活性和目测外观完整性；清除通口封盖。

2）安装阀门时，必须使阀上箭头指向与管道介质流向相同，不得装反。

3）阀门的安装位置不应妨碍设备、管道和阀门本身的安装、操作和检修。

4）对于水平管道上的阀门，阀杆宜朝上安装或向左、右呈45°斜装，也可水平安装，但不得向下安装。

5）阀门应在关闭状态下进行安装。

6）安装完成后，应确认阀门开关动作顺畅。

第二节　管路制备与安装

一、燃气具各类管路安装连接的技术规范

（一）燃气具不锈钢波纹管的安装连接

施工人员施工前必须进行培训，严格按要求进行施工。

1. 管材的选择

软管的外观、结构、尺寸与性能应符合《燃气用具连接用不锈钢波纹软管》（CJ/T 197—2010）中的有关规定。

2. 连接形式的确定

不锈钢波纹软管两端适用于采暖炉前螺纹阀与采暖炉螺纹连接形式。

3. 长度的确定

1）采暖炉安装不锈钢波纹管时应根据实际情况预留可移动长度，但总长宜不超过2m。

2）安装中如受操作空间限制、障碍物影响等，应先连接不便操作的一端。

3）安装时注意管体外保护套表面不能有破损，应尽量避免硬物的碰撞及尖

锐物体的划伤。

4）不得在接头配件后25mm距离内弯曲软管，软管弯曲半径 R 应不小于管道直径的3倍。波纹管弯曲半径如图2-2所示。

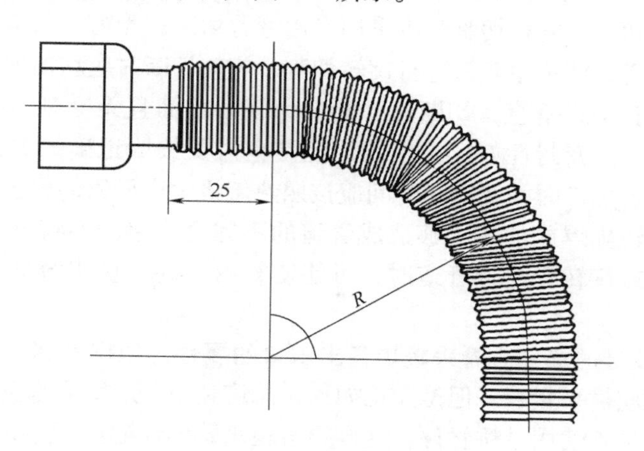

图2-2 波纹管弯曲半径

5）避免在同一位置对管身多次弯曲。

6）采暖炉安装后的软管应处于微弯状态，以防过紧，造成接头松动。

7）软管禁止安装在温度超过60℃的地方，严禁与火接触，以防止防护层损坏，密封圈变形，造成漏气。

8）建议减少拆装螺纹连接的操作，每次拆装后必须更换密封垫片。

9）拆开包装后软管应立即使用，严防软管被他人随意多次弯曲，否则造成累计弯曲次数过多导致管体损伤。

10）采用两端封闭式包覆层作保护时，应避免包覆层破损，防止金属软管裸露，造成管体腐蚀及静电击穿。

4. 使用注意事项

1）管体不能用于悬挂物品。

2）不得用尖锐物碰击管体。

3）严禁使用高强度清洁剂、去污剂类或相关化学制剂清洗防护层。

（二）水管的安装连接

采暖炉水管是在原有热水器冷热水进出管的基础上增加一路采暖供水管和采暖回水管。在采暖炉水路连接前，首先要了解采暖炉各路水管的属性，然后再进行连接。

1）水管应尽量选择品牌材料，不过要谨防使用假冒产品，有防伪标志的可以电话查询。安装人员应仔细阅读图样，确认采暖炉、水槽、台盆等设施设备的位置，了解业主或设计师有无特殊要求，如有特殊要求应按照业主或设计师的指示进行施工。

2）冷热水管道要分开选择，特别是热水管一定要选择热水专用管材。

3）为了避免安装过程中不必要的浪费行为，安装人员应测量好所需管材的长度后再进行切割。管材切割时应采用专用管剪切断，管剪刀片卡口应调整到与所切割管径相符；或选用割刀进行旋转切割，旋转切断时应均匀加力，切断管子时，断面应同管轴线垂直，切断后，断口为整圆截面且无毛刺。给水管一般用PPR热熔管，因其密封性好，施工快，但是也需要按照正确的焊接规范连接管道，加热时间、加工时间及冷却时间应按照热熔机生产厂家的要求进行，避免过度加热造成管道虚焊或加热不够造成管道的不完全连接。不符合规定的插入深度、用力不正或旋转着连接管道时，可能使管内堵塞致使水流减小或发生漏水现象。

4）水管安装时必须查看采暖炉各出水口的属性，依据其属性进行安装，要求所有管路都应横平竖直。但是无论如何，总避免不了水管会垂直交叉。对于这些交叉部位，必须使用过桥管件，这样很考验水管的性能。若感觉水龙头出水量较小，大多是因为这些水管的过桥工艺不合格。

5）埋管后的批灰层要大于2cm。冷热水管要遵循左热右冷、上热下冷的原则安装。

6）安装好的冷热水管管头的高度应在同一个水平面上，这样安装后的效果才美观。

7）水管安装好后，应立即用管堵把管头堵好，以免因杂物掉入而造成堵塞。

8）水管必须合理使用管卡进行固定（管卡的间距应根据管径的大小确定）。以DN20的水管为例，冷水管管卡间距不大于60cm，热水管管卡间距不大于30cm。建议在转角及水表处及管道终端的10cm处设置管卡。

9）水管安装完成后，应检测所安装的水管是否有渗水或漏水现象。只有经过打压测试，才能放心封槽。打压测试时，打压机的压力一定要达到0.6MPa以上。至少等待30min，压力表的指针可能会出现稍许下降，最终稳定在一定的压力值，且未发现各焊点有渗水的现象。此时说明所安装的水管的密封性合格。

10）当水管安装完后，一定要将水管线路图画下来，以便于日后的维护与检修。

二、热水器安装位置及给排气管安装技术要求

1. 可安装供热水、供暖两用型热水器的位置

建筑物的下列房间和部位可安装采暖炉：

1）通风良好，有给排气条件的室内厨房、封闭的阳台或非居住房间内。

2）当需安装在外廊、未封闭的阳台上时，安装环境应防冻（不得低于0℃）且通风状况应良好，并设有防风、雨、雪的设施。

2. 供热水、供暖两用型燃气热水器给排气管安装要求

1）安装人员在安装前应阅读供热水、供暖两用型热水器自带的产品使用说明书，了解产品的安全注意事项和技术要求。

2）给排气管的等效长度不得大于产品使用说明书中的规定值，当选定的给排气管长度超过允许的最大长度时，应将某些管段改为较大直径的给排气管，并应保证管道阻力不超过设计规定的最大值。

三、水压过高或过低对热水器影响的处理

1. 供水水压过高对热水器影响的处理

如果燃气具的供水水压过高，有可能发生燃气具内部水管爆裂的事故或者燃气具水不热的现象，影响生活热水的正常使用，并影响燃气具的使用寿命，所以一定要在水路上安装防止水压过高的安全装置。这时一般采用溢流阀方式。管内水压不高于正常值［$12kg\cdot f/cm^2$（1.2MPa）］时，溢流阀内的橡胶块将进水口堵住，热水器采用的安全泄压阀压力为1.0～1.2MPa，若大于此水压，溢流阀内橡胶块的弹簧压力小于水压的压力，因此橡胶块就会被推开，自动打开溢流阀放水，使管内水压降低。在正常水压和高水压两种情况下，防水压过高装置的动作是不同的。另外，这种采用溢流阀方式的安全装置具有可恢复性，一旦水压正常，橡胶块又能够在弹簧力的作用下将泄压口堵住。

2. 供水水压过低对热水器影响的处理

在安装现场，会存在供水水压过低的现象。这将对用户使用生活热水造成很大的影响，比如低水压时不能点火、水压忽大忽小易熄火、水温忽高忽低、水温过高等问题。因此，需要对安装现场水压过低的问题给予解决。解决现场水压过低问题的方法是安装增压泵。

（1）家用增压泵的使用方式分类

1）手动增压泵：这种增压泵在使用过程中需要通过手动开关等方法来控制开或者关。

2）水流压差式自动增压泵：这种增压泵是传统自动增压泵的升级产品，依靠水流压差启动，待检测到没有水流动后才停止。相比传统压差式自动增压泵，在用水量相对不大的地方，如只供热水器使用，这种自动增压泵的水压还是比较稳定的。但是，当有几个地点都需要用水，比如热水器、洗衣机、冲便器或厨房都在间歇性用水时，管道水压是不稳定的。

3）变频自动增压泵：这种增压泵是最近几年才走进家庭的新型高端自动增压泵，它不仅具备传统水流压差式自动增压泵的全自动启停或防止空运行的功

能，还具备差量补偿，即水压差多少补充多少，水压差得少时就低速运行，差得多时就高速运行。这种功能能够解决传统自动增压泵由于用水人数不确定导致水压忽大忽小的问题。因此，只要我们按照最大额定用水量进行选型，不管用水人数如何变化，水管的水压都趋于恒定。对于用水量比较大的场合非常实用。

（2）家用增压泵的选择

1）类型选择：一般的燃气具可选择全自动增压泵，而对于要求较高及用户需要多个用水点时可选用变频全自动增压泵。

2）参数选择：可根据现场需要依据泵的扬程、流量、吸程、水管管径等参数进行选择。

3）只供燃气具使用的情况：此时可依据燃气具的出水量选择对应的泵流量，再参考扬程、水管管径等参数进行选择。

四、技能操作

1. 根据施工图和安装规范进行管路的布局和校正

（1）管段下料　具体操作步骤如下：

1）熟悉并重新绘制安装草图。因安装现场发生变化而对管段进行了重新测量，对有些管段还可能进行了修正，因此，需要对安装草图进行重新绘制。因为安装草图是预制加工的重要依据，所以一定要熟悉它。

2）了解各管段的构造长度及其相对应的下料长度（已通过计算确认），经过有关人员的检查与测量，找出施工图与现场不符的地方，并将其标注在草图上，经计算确定新的下料长度。因此，施工人员要了解各管段的构造长度及其相对应的下料长度，以便做好加工前的准备工作。

3）管段调直。对于长度和弯曲较大的钢管，可在普通平台上调直。调直管子时，一人站在管子的一端，边转动管子边观察，找出弯曲的部位，并将需要调直的弯曲凸面朝上，另一人按照观察者的指点，用木槌在弯曲凸面处轻轻敲打。经多次翻转，反复校正，直至管子调直。

4）画线切割，在管子上画出切割线，将管子夹持在管子台虎钳上，用钢锯或割管器进行切割。

（2）管路调直校正　管路调直校正时可依据下面的方法进行，具体操作步骤如下：

1）管段“假”连接，管段逐段配制后，需要进行全副管段（几根管段）的“假”连接。连接时，不要在管段和管件的连接处加填料。由于有的管件螺纹制作不标准，有偏丝现象；有的管段套螺纹不正，连接后有可能在管件连接处出现折角，造成连接起来的管段歪扭、翘曲，应加以调整。

2）将连接好的管段放在若干支撑块上，有折角的管件连接部位放在空

档处。

3）一人持管段一端（指挥），将高点转至上方，指挥敲击者进行敲击操作。

4）另一人手持锤子敲击凸面高点，锤击时不要用力过猛，也不要总锤击一处。锤击部位一般应距管件 10～20cm，尤其在阀门附近进行锤击时更应注意。敲击者要与指挥者配合默契。

5）变换位置敲击其他高点，当一个高点敲击得差不多时，再变换另一个高点进行敲击，反复进行。

6）目测调直情况，在调直过程中，要边调边目测调直情况。

7）观测和校正，对于调直的管段，可用目测法做最后的观测和校正。

8）拆散管段，管段调直后，在相邻两管段的端部均做出连接位置的轴向标志，以便于在室内实际安装时进行管道找中；标志做好后，即可把“假”连接拆开。“假”连接拆开后每根管段的一端都应有管件，这样，每根管段都可以在室内进行实际安装了。

（3）注意事项

1）下料时要严格按照有关人员经计算确认后的长度进行下料操作。

2）对单一管段进行调直时，两把锤子不能在管子的同一点上对着敲打，以防将管子敲扁。

3）对全副管段进行调直时，要细心，用力要适中，要边敲打，边观察，边转动管子，反复校正。

2. 多路供水管路的安装

多路供水是指串联组装管道可供多个地方使用，如淋浴花洒、浴缸、洗脸盆、洗菜盆等的冷热水管安装。其安装步骤如下：

1）安装确认：与用户确认所需的冷热水用水点的个数及安装位置。

2）设计简图：画出管道分路、管径、变径、预留管口和阀门位置等施工简图。

3）预制加工：按设计简图上画出的管道分路、管径、变径、预留管口和阀门位置，在实际安装的结构位置做上标记，按标记分段量出实际安装的准确尺寸，记录在施工草图上，然后按草图测得的尺寸预制加工。

4）切断管子：根据现场测绘草图，在选好的管材上画线，按画线标记切断管子。

5）配装管件：根据现场测绘草图，将管材与管件配装。

6）管段调直：将已装好管件的管段，在安装前进行调直。管段连接后，调直前必须按设计图样核对其管径、预留口方向、变径部位是否正确。

7）连接管子：先对干管进行连接，再连接支管。

8）管道冲洗：安装完结后应对管道进行冲洗。冲洗操作可用自来水连续进行并确保水量充足。

9）管道试压：铺设、暗装、保温的给水管道在隐蔽前做好单项水压试验。管道系统安装完成后还要进行综合水压试验。进行水压试验时应放净空气，充满水后再进行加压，当压力上升到规定要求时停止加压并进行检查，如各接口和阀门均无渗漏且持续到规定时间，其压力下降在允许范围内，此时可通知有关人员验收，办理交接手续。最后需要把水排净，破损的镀锌层和外露螺纹处做好防腐处理并进行隐蔽工作。

10）管道保温：给水管道明装、暗装的保温形式有三种：管道防冻保温、管道防热损失保温、管道防结露保温。其保温材质及厚度均按设计要求，质量达到国家验收规范标准。施工工艺方法执行管道及设备绝热施工工艺标准。

3. 进排烟管路的安装

燃气采暖炉进排烟管路的安装步骤如下：

1）燃气采暖炉必须安装排烟管，不装排烟管不能使用。

2）燃气采暖炉进、排烟管的安装，必须使用本机所配的专用排烟管。严禁安装使用其他进、排烟管，严禁对烟道进行自行改造。

3）必须保持接口的气密性和可靠性，并用自攻螺钉紧固。排烟口必须向外向下倾斜，防止雨水倒流入设备内部。排烟管穿墙部分应与墙孔进行密封处理。

4）进排烟管尾端的表面带孔部分必须伸出墙外，使本机进、排烟畅通。

5）排烟管出口不应处于风压带内，它与周围建筑物及其开口的距离应不小于600mm。

4. 进气管路的安装

燃气采暖炉进气管路定尺寸不锈钢波纹管的安装步骤如下：

（1）安装准备

1）检查产品的外观、密封垫片、型号、长度及产品合格证等，确认产品防护层和密封圈外观有无划痕和擦伤。存在问题的产品不应使用。

2）准备安装操作所需的工具，如扳手、压力计、燃气检漏仪或肥皂水等。

（2）管路与采暖炉安装连接

1）安装前，对户内的燃气设施进行气密性测试，确认合格后关闭气源。

2）连接时，确保密封垫片紧密贴在接管密封面上，然后用手将螺母准确旋进对应的连接接头，再用小扳手拧紧，直至软管与接头密封。

3）管体固定。管长1.5m以上时宜在管体上加以固定。

4）气密性检查。安装后用U形压力计、燃气测漏仪或肥皂水检查气密性是否合格。

5）通气试用。气密性检查合格后，通气试用是否安装完好。

6）交付使用。使用正常后，交付给用户使用，同时向用户介绍安全使用注

意事项。

（3）与燃具前阀连接

1）采暖炉前阀安装前要确认阀门的流量是否满足采暖炉的最大流量要求。

2）内螺纹球阀（见图2-3）或外进内出球阀（见图2-4）与软管连接时，应采用不锈钢软管专用连接件连接，不锈钢软管专用连接件圆锥外螺纹端与阀门连接，圆柱外螺纹端与软管连接。

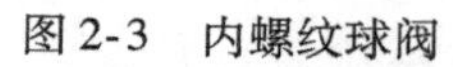

图2-3　内螺纹球阀

图2-4　外进内出球阀

3）外螺纹球阀与软管连接时，圆锥外螺纹端与燃气管道连接，圆柱外螺纹端与软管连接。

5. 热水器给排气管进出口室外位置的确定

热水器给排气管进出口室外位置的确定步骤如下：

1）给排气管伸出墙面时，应尽可能避免安装在迎风面，或者所在楼层为高层、过江风、风口区等风力过大的区域。

2）热水器和采暖炉排气口与周围建筑物的安全距离应符合表2-2的规定。

表2-2　排气口与周围建筑物的安全距离　　（单位：mm）

隔离方向 吹出方向		上方	侧方	下方	前方
向下吹 ↓		300	150	600	150
垂直吹360° ↕		600	150	150	150
斜吹360°		600	150	150	300
斜吹向下 ↘		300	150	300	300
水平吹 →	前方	300	150	150	600
	侧方	300	吹出侧600 其他150	150	150
水平吹360° ↔		300	300	150	150

3）在表2-2规定距离的建筑物墙面投影范围内，不应有烟气可能流入的开口部位，但与排气口距离大于600mm的部位除外。

6. 根据安装现场实际和安装图对热水器进行排气管线路延长

根据安装现场实际情况和安装图对热水器进行排气管线路延长时需注意以下问题：

1）强制平衡式燃气热水器必须使用随机配送或与之配套的双层给排气管及弯头，严禁使用单层排气管代替双层排气管，否则会产生气爆等异常现象。

2）强排燃气热水器的排气管的长度不得超过说明书要求的最长安装长度及最多安装弯头个数。

3）强排燃气热水器的排气管通过易燃吊顶时，需要加装管套或者用阻燃材料包缠。

4）燃气热水器给排气管必须采用不锈钢硬管，严禁使用铝制软管或其他不耐腐蚀的软管进行替代（或加长），以防止因腐蚀穿孔而造成烟气外泄。

第三节　安装维修咨询服务

一、燃气具安装维修常见故障及原因

1. 台式灶常见故障描述判断和原因

（1）故障现象 1　两个灶头都无点火声。这种故障的可能原因是：阀门损坏、相关导线脱落或者破裂、操作不当。

（2）故障现象 2　某一个灶头无点火声。这种故障的可能原因是：阀门损坏、高压导线断或短路、点火针偏移或断裂。

（3）故障现象 3　两个灶头都有点火声但无大火。这种故障的可能原因是：无燃气供应、橡胶管严重变形或弯曲、燃气阀门未开、燃烧规格错误。

（4）故障现象 4　旋钮一松就熄火。这种故障的可能原因是：操作不当、热电偶损坏、热电偶压扁或未接地、阀门损坏、热电偶与电磁阀接触不良、部分出火孔不出火。

（5）故障现象 5　点火后火焰无法熄灭。这种故障的可能原因是：阀门损坏、面板卡住旋钮。

2. 嵌入式灶常见故障描述判断和原因

（1）故障现象 1　两边灶头都无点火声。这种故障的可能原因是：电池无电、电池装反、点火器损坏、相关导线脱落或断裂、电池盒接触不良。

（2）故障现象 2　某一个灶头无点火声。这种故障的可能原因是：阀门损坏、高压导线断路或短路、点火针偏移或断裂、点火器损坏。

（3）故障现象 3　两个灶头都有点火声但点不着火。这种故障的可能原因

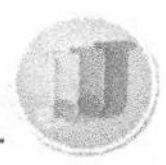

是：无燃气供应、燃气阀门未打开、电池电量不足、燃烧规格错误。

（4）故障现象 4 旋钮一松就熄火。这种故障的可能原因是：操作不当、电池电量低、热电偶损坏、热电偶压扁或未接地、电磁阀坏、阀门损坏、部分出火孔不出火。

（5）故障现象 5 点火声不熄。这种故障的可能原因是阀门损坏。

3. 热水器常见故障描述判断和原因

（1）故障现象 1 开机电源线保护开关跳闸。这种故障的可能原因是：机内线路未接好导致漏电、电源线损坏、电动机内部绕线短路。

（2）故障现象 2 开机总开关跳闸。这种故障的可能原因是电源线的插座没有接地。

（3）故障现象 3 开机后风机不转动，不点火。这种故障的可能原因是：电源线未接通或损坏、电控盒损坏或不良、水压太低、风压开关不启动或损坏、水阀内部的水控膜损坏、微动开关损坏。

（4）故障现象 4 开机风机转动但不点火。这种故障的可能原因是：脉冲点火器损坏、风压开关损坏、气管堵塞或过长、弯路太多、风机转动缓慢，造成无负压或负压不够，风压开关不闭合、传压管松脱或漏压、控制器接错或损坏。

（5）故障现象 5 水不热。这种故障的可能原因是：燃气用完或压力不足、调节方法不对、水流量太大、水箱吸热片积炭不能正常吸热。

（6）故障现象 6 水太热。这种故障的可能原因是：燃气压力太高、水压太低、调节方法不对。

二、瓶装液化石油气用调压器知识

瓶装液化石油气用调压器（即减压阀）是安装在液化气钢瓶角阀上的连接角阀和胶管，起到降低和稳定输出压力的作用，是家用燃气具配套中的重要燃气设备，具有结构简单、压力稳定、重量轻、调节安装方便等优点。

1. 调压器的分类

调压器可根据用途、额定流量、安装方位、功能和出气口数量进行分类。

1）按用途可分为家用与非家用两类。

2）按额定流量可分为胶管阀、柔管阀、器具前阀、活接套阀等，见表 2-1。

3）按安装方位可分为水平安装与竖直安装两类。

4）按功能可分为单功能与多功能两种。

5）按出气口数量可分为单出口与多出口两种。

2. 调压器的型号

1）家用调压器的型号用汉语拼音字母 JYT 表示，非家用调压器用 FYT 表示。

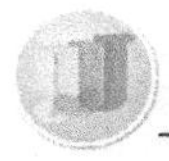

2）调压器的安装方位用字母表示，水平安装不标注，Z 表示竖直安装。

3）调压器的功能用字母表示，单功能调压器不标注，D 表示多功能。

4）调压器的额定流量用两位有效数字代表，其中小数点后保留一位数字。

家用调压器型号示例如下：

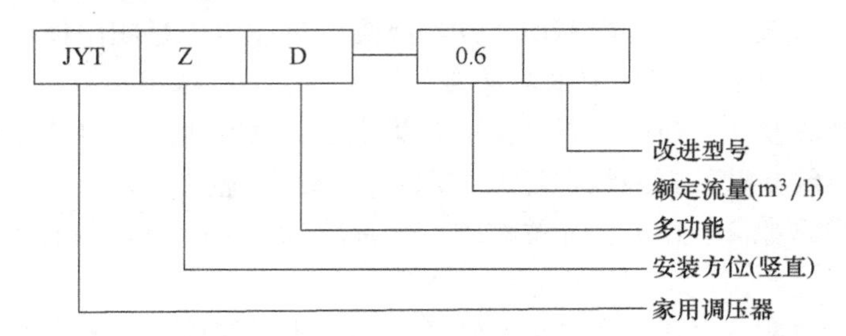

3. 调压器的基本参数

调压器的基本参数见表 2-3。

表 2-3　调压器的基本参数

名　称	家用调压器				非家用调压器					
额定流量/(m^3/h)	0.3	0.6	1.2	2.0	1.2	2.0	3.6	1.2	2.0	3.6
进口压力/MPa	0.03 ~ 1.56									
出口压力/kPa	2.80 ±0.50				2.80 ±0.50			2.80 ±0.90		

4. 瓶装液化石油气用调压器的工作原理

液化石油气从钢瓶出来时为高压气体，高压气体通过进气管后到达减压室，当用户关闭燃气具开关时，随着进入减压室的液化石油气增多，其压力升高，把由弹簧压着的橡胶薄膜顶起，存在于上气室的部分空气由呼吸孔排出阀体，迫使杠杆向上移动，利用杠杆作用使阀口关闭，便切断了液化石油气进口通路，调压器的出口压力就不再上升。当打开燃气具开关后，液化石油气从调压器内流出，使减压室内的压力下降，橡胶薄膜下凹，带动杠杆下移，外部空气从呼吸孔进入上气室，使阀垫向中部移动，进气喷嘴变大，进气量增加，压力升高。这种反复不断的调节过程使减压室内的压力总是恒定的，即不管进气压力偏高还是偏低，出口压力总是稳定的，从而起到降压和稳压的作用。

5. 瓶装液化石油气用调压器的技术要求

瓶装液化石油气用调压器的生产是依据标准《瓶装液化石油气调压器》（CJ 50—2008）的技术要求进行的。

（1）产品定义　这种调压器是用于液化石油气钢瓶上，能够自动调节燃气出口压力，使其稳定在某一压力范围内的装置。

（2）产品范围　符合《瓶装液化石油气调压器》（CJ 50—2008）标准规定

的有如下两种产品。

1）进口压力为0.03～1.56MPa，出口压力为2.80kPa±0.50kPa，额定流量小于或等于$2m^3/h$，使用环境温度为－20～45℃的家用瓶装液化石油气调压器。

2）进口压力为0.03～1.56MPa，出口压力为2.80kPa±0.50kPa或5.00kPa±0.90kPa，额定流量小于或等于$3.6m^3/h$，使用环境温度为－20～45℃的非家用瓶装液化石油气调压器。

三、技能操作

1. 根据故障描述判断常见故障的原因

1）通过向用户询问，根据用户描述初步判断燃气具的故障原因。

2）如有需要可请用户操作一次，观察其操作的动作是否正确，如果不正确，应纠正其操作方法。

3）维修人员操作一次，观察并了解故障基本情况。

4）根据了解到的信息，初步判定故障原因，如有需要可使用检测工具进行检测，确认故障。

5）针对故障进行清洁、调整、稳固连接、更换配件等处理。

2. 查询液化石油气用调压器生产许可证

生产许可证号码是一个企业生产某种产品的合法依据。用户可在国家安全生产监督管理总局网站上查询到生产企业的名称、获证产品项目、发证日期及其有效期。液化石油气调压器生产许可证也可以在国家安全生产监督管理总局网站上进行信息查询，其查询内容如下：

1）查看产品上的许可证信息。

2）网上核对真实性。

3）识别有无假冒许可证。

复习思考题

1. 如何选择与燃气具流量相对应的减压阀、流量表、阀门等？
2. 如何进行管路调直和校正？
3. 热水器安装位置有哪些技术要求？
4. 安装排气管有哪些具体规定？
5. 如何选用家用增压泵解决水压不足或不稳定问题？
6. 如何根据故障描述判断常见故障的原因？

第三章

安装维修检测

培训学习目标 熟悉燃气具阀前阀后压力检测技术要求，掌握万用表测试元器件的技术要求，以及冷凝式燃气热水器冷凝水的排放要求，掌握燃气具安装维修质量检测和验收。

第一节 安装过程检测

一、燃气具阀前阀后压力检测技术要求

燃气具的阀前一般为燃气压力的动压，通常在机器燃烧后进气口第一道截止阀前测试燃气的动压值，燃气灶具与燃气热水器相同。阀后压力一般指机器工作时比例阀打开后喷嘴前的燃气压力，常称为二次压力。阀前阀后压力要求设有检测预留孔，方便产品工作异常时的检测操作。

1）检测前应检查机器安装情况，管路连接可靠且无渗漏现象，阀门动作灵活可靠。

2）确认检测仪器调试完成，仪器性能正常。

3）测试过程中禁止拔下检测仪连接软管。

4）检测过程中遇到机器燃烧不稳定或其他故障时，必须排除故障后方可进行检测，否则测试结果不准确。

5）检测完毕，检测口应确认装回密封件并保证密封性能良好。

6）阀前压力应为动压，即为机器燃烧工作时的阀门前燃气压力。

7）阀后压力应为喷嘴前的燃气压力，一般分为高端（大火）二次压力及低端（小火）二次压力。

二、万用表测试元器件的技术要求

燃气具电路板上常见的电子元器件有电阻器、电容器、电感器、电位器、继电器、变压器、连接器、二极管、晶体管、谐振器、滤波器和开关等。

1. 电阻器

1）测量电阻器时应将开关置于欧姆档适当量程上，如不能估算电阻值的大小，应按照由大到小的顺序进行选择。

2）测量电阻器时，被测电阻器必须处于断电状态。

3）如被测电阻器为并联，应把电阻器的一端从电路中断开再进行测量。

4）测量电阻器时不应使双手接触电阻器的两端。

2. 电容器

1）电容器测量前必须短接放电后再进行测试，并确保数字式万用表的安全使用。

2）根据电容器上的数值选择比该值大的量程。

3）测试表笔与电容器两端的连接应确保可靠，测量大电容时需要仪表稳定后再读取数值。

3. 继电器

1）用电阻档测量继电器线圈，其电阻值一般在几十至上千欧。

2）测量继电器常闭触点，电阻基本为零是正常的。

3）通电后使继电器吸合，测量其常开触点，电阻基本为零是正常的。

4. 变压器

1）变压器必须放在干燥、绝缘、稳固的物体上进行检测。

2）测量前先观察变压器的外观是否有明显异常，如线圈引起断裂、脱落、绝缘材料是否有烧焦等。

3）变压器测试分为断电检测与通电检测，应先断电检测再通电检测。

4）变压器通电后出现异常高温并伴有焦糊气味，基本能判断变压器绝缘电阻损坏了。

5）一般情况下变压器的空载电压会比标称值偏高一些，如果空载电压比标称值低，则建议更换。

5. 晶体管

1）不同品牌的晶体管的基极、集电极、发射极位置是不同的，检测前应先确定极位。

2）晶体管的引脚应固定无脱落、无氧化、发黑或变形等现象。

3）根据晶体管的电阻大小不同，选择合适的万用表欧姆档。

4）测量晶体管时应确保测试表笔连接良好。

三、冷凝式燃气热水器冷凝水的排放要求

冷凝式燃气热水器会通过冷凝换热器对烟气排放中的水蒸气的热量（潜热）再次吸收利用，当烟气中的水蒸气达到露点温度时冷凝水生成，流经冷凝换热器的收集盒通过机器内冷凝排水管的重力作用排出机器外部。

1）冷凝水排出外部所需连接管的内径应大于13mm，具体内径规格可参阅相关产品说明书要求。

2）冷凝水管必须朝下安装，并保证水流畅通。

3）冷凝水管之间的连接应密封良好，不应有冷凝水渗漏。

4）冷凝水具有一定弱酸性，应直接作为废水排至下水道或地漏，不可排放到洗手盆、洗菜盆、地面、墙面等，避免与不耐腐蚀物体发生接触。

5）不可盛接冷凝水或排放到儿童易接触的地方，以免误饮误用。

6）加长冷凝水管时需使用专用冷凝水排放管连接，且必须检测密封性能，防止漏水。

7）预埋的冷凝水排水管材质应使用耐弱酸性的水管，建议使用PVC排污管，管径大于32mm。

8）预埋的冷凝水排水管前端应预留在热水器下方30cm左右的位置，为方便安装，安装时原机配置的冷凝水管插入到预埋的排水管口中即可。

四、技能操作

1. 燃气具阀前阀后压力的测试

（1）测量阀前压力

1）确保机器安装完毕，水管路、气管路无渗漏，关闭燃气主阀门。

2）将阀前压力测试口密封螺钉取下，测试口接入燃气压力计连接软管，并确认连接牢固可靠。

3）整机启动点火燃烧，稳定后直接读取压力计显示数值并加以记录。

4）关闭热水器，关闭燃气主阀门，拆下压力计连接软管，将阀前压力测试口密封螺钉装好，检测气密性并完成阀前压力测试。

（2）测量阀后压力

1）确保机器安装完毕，水管路、气管路无渗漏，关闭燃气主阀门。

2）打开机器面盖，将阀后压力测试口密封螺钉取下，测试口接入燃气压力计连接软管，并确认连接牢固可靠。

3）整机启动点火燃烧，稳定后读取热水器当前负荷阀后压力。

4）将机器负荷调至最小，稳定后读取热水器最小负荷阀后压力。

5）将机器负荷调至最大，稳定后读取热水器最大负荷阀后压力。

6）关闭热水器，关闭燃气主阀门，拆下压力计连接软管，将阀后压力测试口密封螺钉装好，检测气密性。

7）将面盖安装至机器上，完成阀后压力测试。

2. 使用万用表测试元器件的电压、电流及电阻

（1）电压测试

1）将万用表的红表笔插入电压孔（V/Ω/Hz），黑表笔插入“COM”孔。

2）确定测量电压的类型：交流电压或直流电压，如测量直流电压则选择DC档并将表盘量程置于V-区域，如测量交流电压则选择AC档并将表盘量程置于V~区域。

3）根据被测电路的大约电压值，选择一个合适的量程位置，遇到不能确定被测电压的大约数值时，可以把开关先拨到最大量程，再逐档减小量程到合适的位置。

4）把测试表笔并联在被测元器件两端，保持稳定接触，读取电压数值。

（2）电流测试

1）将万用表的红表笔插入mA孔或20A孔（<200mA时插入mA孔，>200mA时插入20A孔），黑表笔插入“COM”孔。

2）确定测量电流的类型：交流电流或直流电流，如测量直流电流则选择DC档并将表盘量程置于A-区域，如测量交流电压则选择AC档并将表盘量程置于A~区域。

3）根据被测电路的大约电流值，选择一个合适的量程位置，遇到不能确定被测电流的大约数值时，可以把开关先拨到最大量程，再逐档减小量程到合适的位置。

4）将被测元器件一端线路断开，将万用表串联在被测电路中，使被测电路中的电流从红表笔流入，经万用表黑表笔流出，再流入被测电路，保持表笔稳定接触，读取电流数值。

（3）电阻测试

1）将万用表的表盘量程选择在电阻档（Ω）区域，优先选择较大量程。

2）将万用表的红表笔插入电阻孔（V/Ω），黑表笔插入“COM”孔。

3）由于万用表内部或表笔线路自身有一定的电阻，为了准确测量被测电器的电阻值，首先要测量其内部阻值，把红黑表笔接触在一起，从万用表上读出的数值就是万用表自身的内阻，一般情况下内阻在2Ω以下。

4）测量电阻时，要把被测线路的电源断开，否则会影响测量的准确度，严重时还会损坏万用表。

5）将被测电阻电路断开，将万用表档位调节在正常的量程，再将万用表表笔与被测元器件串联，在不知道被测量电器电阻的情况下，可以从大量程到小量

程来测量，若大量程显示的数值为“0.00”，说明档位较大，可以继续调小量程再进行测量。

6）万用表上显示的数值是被测元器件或线路与万用表自身的电阻总和，用这个数值减去万用表内阻后得到的才是被测量元器件的电阻。

3. 使用绝缘电阻表测试绝缘电阻

（1）绝缘电阻表选型　首先选用与被测元器件电压等级相适应的绝缘电阻表。

（2）绝缘电阻表校正　测量前应对绝缘电阻表进行开路校检。当绝缘电阻表“L”端与“E”端空载时，摇动绝缘电阻表，其指针应指向“∞”；当绝缘电阻表“L”端与“E”端短接时，摇动绝缘电阻表，其指针应指向“0”。

（3）测前防护　测量前必须将被测设备的电源切断，并对地短路以达到充分放电的目的。决不能让被测设备带电进行测量，以保证人身和设备的安全。

（4）测试步骤

1）将绝缘电阻表的“L”端接在被测电路的“L”（相线）端，将绝缘电阻表的“E”端接在被测电器的N（零线）端，绝缘电阻表放置平稳后，摇动绝缘电阻表手柄（速度要均匀，以120r/min为宜；保持稳定转速1min，以便避开吸收电流的影响），读取表针指示值，正常时应大于0.5MΩ。

2）将绝缘电阻表的“L”端接在被测电路的“L”（相线）端，将绝缘电阻表的“E”端接在被测电路的“E”（地线）端，绝缘电阻表放置平稳后，摇动绝缘电阻表手柄（速度要均匀，以120r/min为宜；保持稳定转速1min，以便避开吸收电流的影响），读取表针指示值，正常时应大于0.5MΩ。

3）提取两组数值，其中一组读数小于0.5MΩ的，设备为漏电。

4）在摇动手柄的过程中，不得触碰检测棒导体；测量结束后，应松开手柄，让手柄自行停止，在手柄停止转动之前，先将黑色检测棒拆下，并用黑色检测棒去接触红色检测棒，之后方可将红色检测棒拆下。

4. 冷凝式热水器预留冷凝水排出管口的安装

1）安装前应检查机器出水口与冷凝排水管规格是否一致。

2）将排水管一端连接至机器冷凝出水口接头，并用卡箍锁紧，保证在工作过程中不会有脱落现象。

3）将排水管另一端与预留冷凝排水管入口连接，并保证排水管出口走向朝下。

4）排水管横向跨越时，应保证管路中段与墙面贴紧，以防排水管摇晃脱落。

5）排水管连接完毕后应检查密封性能，以防接口有冷凝水渗漏。

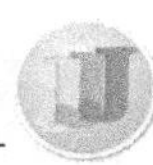

第二节　安装维修质量检测

一、燃气管路气密性检测技术要求

手持式燃气检测仪的技术要求如下：

1）手持式燃气检测仪使用时应注意各类传感器的使用寿命，常见天然气探测器使用最广泛的是催化燃烧式传感器，其使用寿命为3年左右，如果长时间不用，可将其密封放在较低温度的环境中以便延长使用寿命。

2）手持式燃气检测仪使用时要经常校准，并随时对仪器进行校零，以保证仪器测量的准确性。

3）手持式燃气检测仪使用时应注意仪器的浓度测量范围，只有在其测定范围内完成测量，才能保证仪器的准确性。

4）手持式燃气检测仪使用时应注意各种不同传感器或设备间的检测干扰。

5）传感器表面应保持整洁，不能触碰或被水淋湿。

二、数字式温度计使用的技术要求

数字式温度计使用的技术要求如下：

1）检测前应先校准温度计的精度。

2）为确保测量的准确性，应选择有代表性的位置进行检测。

3）测量固体时，被测物的表面应整洁干净。

4）测量液体时，测温探头应该有足够的插入深度，不应该把检测元件插入介质的死角，以确保检测元件与被测介质能进行充分的热交换。

5）检测物应与测温探头连接可靠。

6）测温探头应考虑测试物的腐蚀性，必要时可加保护套，操作人员也应做好安全防护。

三、技能操作

1. 燃气管路气密性的检测

图3-1所示为手持式燃气检测仪。

手持式燃气检测仪的具体操作法如下：

1）使各管道连接好后关闭燃气具入口阀门，将燃气管道上的阀门全部打开，在

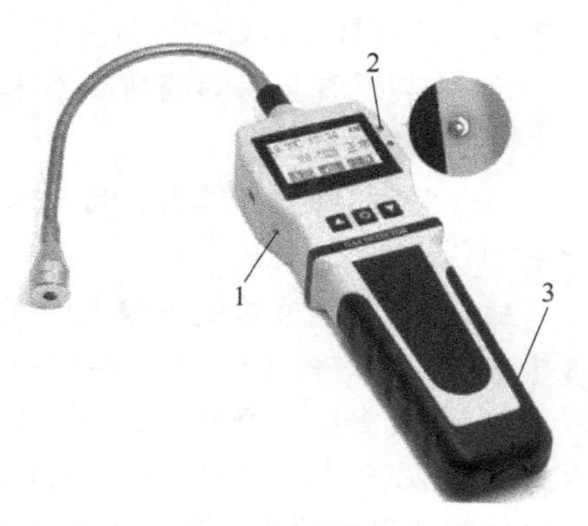

图3-1　手持式燃气检测仪
1—蜂鸣报警　2—灯光报警　3—振动报警

管道入口处通入适用燃气。

2）打开手持式燃气检测仪的电源，按照说明书中的要求预热燃气检测仪。

3）设置泄漏量检测范围，将检测探头对准燃气管道上的各连接处和阀门一一进行检查，并确认无报警现象。

2. 数字式温度计的使用

1）将测温探线与数字式温度计连接好，打开数字式温度计的电源开关。

2）将测温探针与被测物品可靠接触或连接。

3）直接读取温度计上的显示数值并加以记录，如需测试多个温度点，可重复操作。

4）取下测温探针完成测试操作。

第三节　安装维修质量验收

一、家用燃气燃烧器具安装及验收规程

（一）安装一般规定

1）水、气管路布管时应考虑其合理性，在保证美观的同时还要尽量控制总长度，避免管路过长，内阻过大而影响产品的正常使用。

2）进行燃气管路与供水管路的连接操作时，管路布置应做到横平竖直，水平横跨段应保证连接可靠稳固，横跨管过长时应在中段采取加固措施。

3）燃气具的左右及下方应与可燃物有大于250mm的安全距离，上部不应有明敷电线、电气设备及易燃物，下部不应设置其他燃气灶具。

4）燃气具不能采用暗装方式，且严禁安装在卧室、客厅以及浴室，还要求安装位置必须具备良好的通风条件。

5）安装燃气具房间的净高不应低于2.2m。

（二）验收规程

1）燃气的种类和压力、自来水的供水压力以及排烟管的安装都应符合燃具要求。

2）用发泡剂或检漏仪检查燃气管路和接头，不应有燃气泄漏现象。对于采暖热水炉，还应检查供回水系统的严密性。

3）燃气管路严密性检验应符合《城镇燃气室内工程施工与质量验收规范》（CJJ 94—2009）的规定，冷热水管道严密性检验应符合《建筑给水排水及采暖工程施工质量验收规范》（GB 50242—2002）的规定。

4）目测检查自来水系统，不应有水渗漏现象。

5）按照燃气具使用说明书的要求，使燃气具燃烧器正常燃烧，各种阀门的开关应安全、灵活，调节和控制装置应可靠有效。

二、热水器主机安装质量验收技术要求

1）机器安装位置及周边环境应符合《家用燃气快速热水器》（GB 6932—2015）中规定的要求。

2）主机的安装高度应以能够水平目视显示屏为宜，高度以显示屏与地面保持1.5～1.6m为宜。

3）机器挂装完毕并锁紧后，应保证触按机器功能按键或保养清洁时机器不晃动。

4）安装墙面能承受机器重量2倍或以上的承重力。

5）机器挂装后必须保证主体垂直，机器倾斜安装会烧坏燃烧室。

三、热水器附件安装质量验收技术要求

热水器附件有膨胀罐、温控器、排气装置、通风设置、烟管和换气口。

1. 膨胀罐

膨胀罐的外观如图3-2所示。

膨胀罐安装的质量验收技术要求如下：

1）膨胀罐的安装位置应便于检修，连接固定可靠，工作时应能避免受外界振动或撞击。

2）充气压力值及充入气体的种类应符合附件的性能要求。

3）启动采暖系统后，膨胀罐应无检查采暖和系统压力表的指示状态，冷机与热机压力值应无太大变化，如波动较大，可能是膨胀罐中惰性气体（气体常见为氮气，压力为0.1MPa）的压力不足；若补气阀有水渗出，则说明隔膜已损坏。

2. 温控器

温控器的外观如图3-3所示。

图3-2　膨胀罐的外观

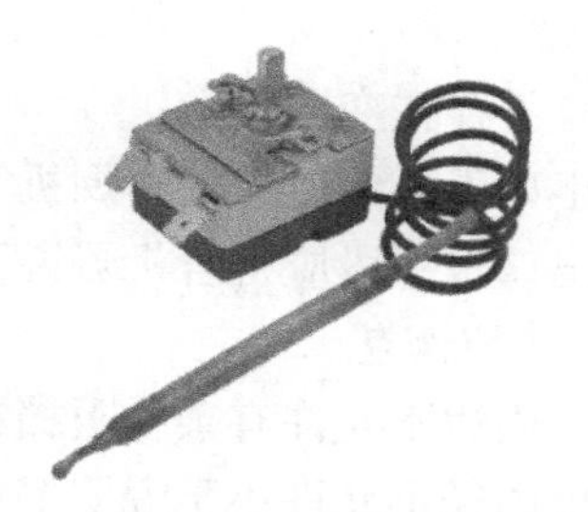

图3-3　温控器的外观

温控器安装的质量验收技术要求如下：

1）温控器与主机连接的线路应连接正常，不存在断路或接触不良等现象。

2）连接线与温控器接插件应连接紧固，不存在彼此拉扯、接触不良或松脱等现象。

3）温控器的温度动作点应与热水器的性能参数相符，不允许超限使用。

4）温控器启动与关闭时的动作应灵敏、迅速且有效。

3. 排气装置

排气装置安装的质量验收技术要求如下：

1）确保排气口与排气装置的安装尺寸匹配，安装后能保证相关件密封配合良好。

2）排气装置的开关动作应迅速有效。

3）对于有多速功能的排气装置，应分别验证各速段是否正常运转及转速是否符合要求。

4）排气装置周边应无杂物干扰装置运作。

4. 通风设置

通风设置的质量验收技术要求如下：

1）通风设置的位置要求与说明书标示一致。

2）通风口有效通风量应符合热水器的要求。

3）通风口应不受周边物品的干扰，周边无杂物。

5. 烟管

烟管的外观如图 3-4 所示。

烟管安装的质量验收技术要求如下：

1）烟管的内径规格、材质应符合说明书中规定的要求。

2）烟管不受周边物品干扰而影响排放。

3）烟管连接必须密封可靠，必要时可使用铝箔粘贴。

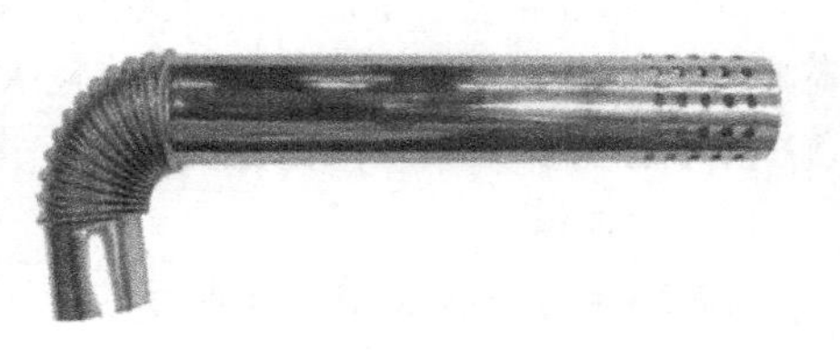

图 3-4　烟管

4）烟管应不存在变形现象。

5）烟管出口不允许连接抽油烟机等公共烟道或换气通道。

6）烟管出口水平段应符合机器说明书中的倾斜度要求。

6. 换气口现场检查

1）换气口周边不允许有杂物阻挡或可能性的干扰。

2）换气口内径不允许小于说明书标示规格。

四、技能操作

1. 燃气热水器设置空间、安装位置、安装墙面材料、管道安装、隔室等进行安装技术质量的现场检查

1）目测安装机器的空间与位置，确认是否符合安装位置要求，确认安装位置的空气通风情况，目测或测量机器与四周易燃物品、可燃物品、燃气管道及电源明线之间的安全距离。

2）目测挂装机器墙面的材质应为不可燃材料，如采用可燃材料或难燃材料，应确认隔热板的安装情况及距离。

3）目测水、气管路安装连接是否正确，各阀门设置是否合理，测试各连接处的密封性能，核查管件材质是否符合要求，管路走向布局是否横平竖直，水路使用管材是否符合生活用水水管标准，气管是否选用燃气专用管道。

4）测量排烟管的长度及弯头是否符合说明书要求，排烟出口位置是否符合要求，检测各连接处的密封性能，烟管材质是否符合要求。

5）目测热水器与使用热水的隔室间的空间分隔情况，分隔墙体的材料施工安装应固定可靠，分隔处应密封良好，保证两空间的空气有效隔开。

6）运行热水器，对各功能按键根据说明书要一一测试，确认开关动作正常迅速。

7）运行机器后，现场听取机器工作响声是否正常。

8）运行机器并将温度设置为高、中、低 3 档，分别观察机器的运行状态及输出温度是否与设置相匹配。

2. 对膨胀罐、温控器、排气装置、通风设置、烟管、换气口等附件进行安装技术质量的现场检查

（1）膨胀罐现场检查

1）目测膨胀罐的安装位置，应便于检修，连接固定可靠。

2）检测充气压力值，压力值可参照膨胀管性能表。

3）启动采暖系统检查后，检查采暖系统压力表的稳定性，如不稳定，可打开补气阀观察是否有出水现象，如有则证明膨胀管隔膜损坏。

（2）温控器现场检查

1）检查温控器与主机间的连接线路是否通信正常，可用万能表检测每根导线的通断情况。

2）确认温控器与连接线的连接可靠性，挂装温控器应稳固，不存在拉扯连接线的现象。

3）依次调节至温控器的启动与关闭动作点，确认动作是否迅速有效。

（3）排气装置现场检查

1）测量换气口等连接通径是否符合要求，检查相关连接与固定是否可靠。

2）开关装置确认装置动作是否有效迅速。

3）参考排气装置的性能指标，感观或用风速仪等设备判断装置性能是否稳定并符合要求。

4）排除排气口周边物品应不存在影响正常排气的可能。

（4）通风设置现场检查

1）目测通风口设置位置是否与说明书要求的位置一致。

2）测量通风口的规格尺寸与说明书是否相符。

3）目测通风口应不受周边物品的干扰，保证排放畅通。

（5）烟管现场检查

1）检测烟管的内径规格、材料应符合说明书中规定的要求。

2）确认烟管排放通畅，不受周边物品干扰影响排放。

3）烟管连接应保证密封可靠，不使烟气产生泄漏。

4）目测烟管应不存在变形，检测烟管内截面积不应有缩小的情况。

5）目测烟管出口位置，保证直接排至室外。

6）目测或用水平尺测量烟管出口水平段倾斜度，应符合说明书中规定的要求。

（6）换气口现场检查

1）目测换气口周边不存在物品干涉进气的可能。

2）目测换气口内部没有瓶颈现象影响换气，测量其内通径应符合使用要求。

复习思考题

1. 如何测量和判断灶前压力是否正常？
2. 用什么方法测量气密性？建议用户如何自查气密性？
3. 水压、气压对燃气具正常使用有什么影响？如何进行测量与检验？
4. 如何判断燃气热水器出水温度是否正常？
5. 对用户的排气装置和通风设备，如何进行现场验收？
6. 如何对施工进行全面验收？

第四章

燃气灶具安装

培训学习目标 熟悉各类家用燃气灶具所使用的阀门；掌握燃气灶具阀门的维护和燃气置换的施工方法；熟悉燃气调压器、流量计的工作原理和使用方法；掌握燃气灶具的安装和检验方法。

第一节 室内管路气源置换处理

一、燃气灶具阀门的种类、特点与选用

1. 旋塞阀

旋塞阀便于经常操作，启闭迅速轻便；流体阻力小；结构简单，相对体积小，重量轻，便于维修；密封性能好；不受安装方向限制，介质的流向可任意调换；无振动及噪声小。

旋塞阀的关闭件是呈柱塞形的旋转阀，通过旋转90°使阀塞上的通道与阀体上的通道重合或分开，达到启闭阀门的作用，所以旋塞阀最适用于快速启闭的场合；还适应多通道结构，以致一个阀门可以获得两个、三个甚至多个不同的流道，这样可以简化管道系统的设计。

旋塞阀总成上通用部件示意图如图4-1、图4-2所示。

2. 电磁阀

电磁阀的最大特点是在没有火燃烧的情况下，可自动关闭煤气，防止发生煤气泄漏的现象。

电磁阀根据熄火保护装置的不同可以分为两种：一种是热电偶电磁阀，另一种是离子熄火保护电磁阀。

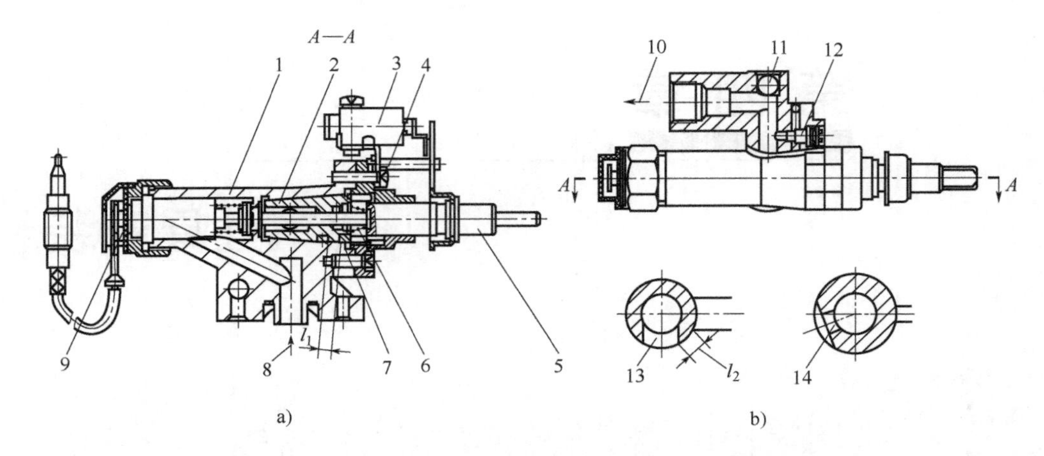

图 4-1　带热电式熄火保护装置、微动开关的旋塞阀总成

1—旋塞阀主体　2—阀芯　3—微动开关　4—螺钉　5—阀杆　6—弹簧　7—密封垫　8—旋塞阀主进气口　9—熄火保护装置　10—旋塞阀主出气口　11—工艺孔　12—气量预调装置　13—旋塞阀阀芯主出气孔　14—旋塞阀阀芯小流量出气孔　l_1—母线方向的密封长度　l_2—圆周方向的密封长度

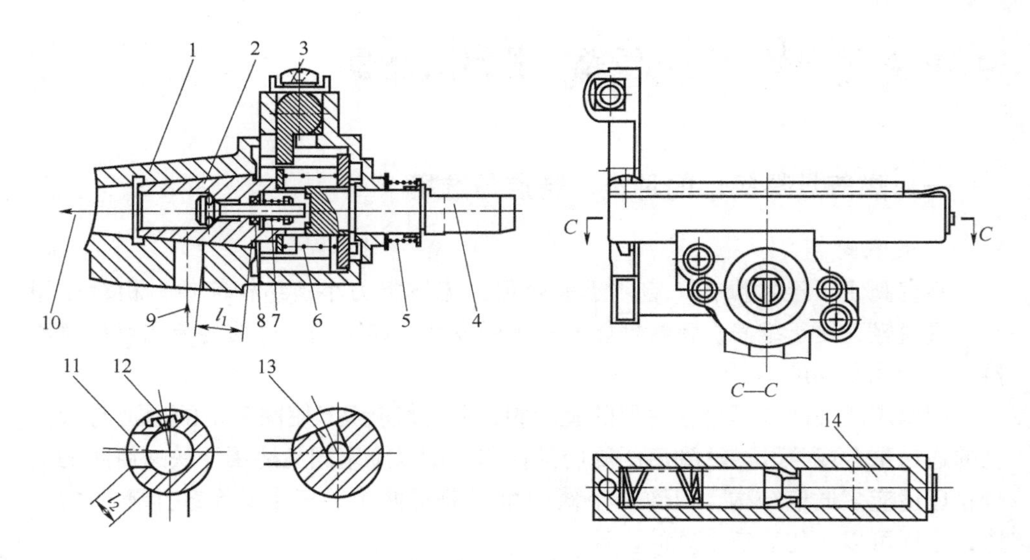

图 4-2　带压电式点火器的旋塞阀总成

1—旋塞阀主体　2—阀芯　3—螺钉　4—阀杆　5—阀杆弹簧　6—驱动弹簧　7—密绕弹簧　8—密封垫　9—旋塞阀主进气口　10—旋塞阀主出气口　11—旋塞阀阀芯主出气孔　12—旋塞阀阀芯小流量出气孔　13—旋塞阀阀芯引火孔　14—压电元件　l_1—母线方向的密封长度　l_2—圆周方向的密封长度

（1）热电偶电磁阀　这种电磁阀分为单线圈电磁阀和双线圈电磁阀，其体积较小。单线圈电磁阀内部的线圈是单圈，热电偶导线插在里面的触点上，还有

一根连接在电磁阀的壳体上并保持接地，单线圈电磁阀在打火时需要按压5s左右，不然热电偶产生的电动势不足以吸合电磁阀。双线圈电磁阀的热电偶为3根线，在打火初期先由电池供电，待热电偶产生足够的电动势后，电池放弃供电，转为热电偶供电。此种保护装置较多使用，点火时间短。

（2）离子熄火保护电磁阀　这种电磁阀的体积较大，在燃气管的末端，连接进气接头处，当按压旋钮时，触动微动开关，脉冲点火器检测到了以后，吸合电磁阀。灶具熄火后，首先被离子熄火保护装置检测到没有电流通过，脉冲点火器做出反应，并开始倒计时，因风力过大造成的偏焰会在几秒钟之内回到正常状态；如果是灶具熄火且在倒计时时间内还没有电流通过，那么单片机做出反应并断开电磁阀电流，从而关闭燃气供应，避免事故发生。此种保护装置反应速度快，可瞬间切断气源，但其使用寿命较短，易失效，耗电量大，需要频繁更换电池。

二、燃气灶具阀门的维护保养

1. 旋塞阀的维护保养

1）旋塞阀运输过程中应防止剧烈振动、挤压、雨淋及化学物品的侵蚀。

2）旋塞阀组装维修中不可粘上灰尘、金属碎屑或其他异物。

3）防止旋塞阀受到水的浸蚀，特别是微动开关。

2. 电磁阀的维护保养

1）电磁阀组装维修中不可粘上灰尘、金属碎屑或其他异物（特别是电磁阀的密封垫、密封圈部分）。

2）切勿让磁控阀及轴心棒受到强烈振动或变形，否则会影响磁控阀的灵敏度和使用寿命。

3）在装配电磁阀中如有油脂或黏合剂，必须防止此类物质进入电磁阀内部。

4）应防止磁控阀受到水的浸蚀，否则会导致接触电阻增大而影响动作的可靠性。

5）作用在电磁阀轴上的推力应不超过40N，推动力的方向应该是沿着轴向方向；不可对电磁阀或阀体的推杆进行敲击；一旦电磁阀内的电磁体或电磁片被损坏，电磁阀的电流特性将不符合规格要求。

三、放散燃气管道内原气源的目的及注意事项

燃气放散是指在管道投入运行时或置换改造时利用放散设备排空管道内的空气和原有燃气，以防止在管道内部形成爆炸性的混合气体。

燃气放散通常采用的方法有：直接放散法、燃烧放散法和吸收法等。室内管道内部的燃气比较少，可用软管引到户外直接放散或直接利用燃气具进行燃烧放散。

由于放散地点的选择直接关系到放散的安全问题，因此对不同的管道进行放散时要因地制宜选择合适的放散地点。

放散时注意事项如下：

1）放散现场需要备有干粉灭火器等消防器材。

2）禁止抽烟，避免明火。

3）放散期间，所有工作人员应远离现场5m之外，以防发生爆炸事故。

4）距离周围建筑物8m，上部无障碍物，且放散管上半球半径3m空间以内无电气设备。

5）放散管顶部高度位于防雷保护区之外时，放散管应另设防雷保护装置。

6）注意通风，防止燃气积聚，发生摩擦起火。

7）室内直接放散时应将软管引到窗户外，注意风向，防止燃气倒灌而引发中毒等安全事故。

8）室内燃烧放散时应注意通风，严禁开启油烟机。

四、燃气的互换性

任何燃气具都是按特定燃气成分设计的。当燃气成分发生变化而导致其热值、密度和燃烧特性发生变化时，燃气具燃烧器的热负荷、燃烧稳定性、火焰结构、烟气中有害成分的含量等燃烧工况就会改变。

当以一种燃气置换另一种燃气时，首先要保证热负荷在互换前后不发生大的改变。当燃烧器喷嘴前压力不变时，燃气流量不变，燃气具热负荷与燃气热值成正比，与燃气相对密度的平方根成反比，其为华白数。华白数是代表燃气特性的一个参数。假设两种燃气的热值和密度均不相同，但只要它们的华白数相等，就能在同一燃气压力下和同一燃具上获得同一热负荷。如果其中一种燃气的华白数比另一种大，则热负荷也较另一种大。华白数又称为热负荷指数。如果两种燃气有相同的华白数，则在互换时能使燃气具保持相同的热负荷和一次空气系数。如果置换气的华白数比基准气大，则在置换时燃气具热负荷将增大，而一次空气系数将减少。因此，华白数是一个互换性指数。各国规定在两种燃气互换时华白数的变化不超出±(5%~10%)。

在我国国家标准中，对各种燃气的华白数做出以下规定，见表4-1。

表4-1　各种燃气的高热值华白数

燃气类别		高热值华白数/(MJ/m³)		高热值华白数/(kcal/m³)
		标准	范围	标准
人工燃气	3R	13.92	12.65~14.81	3325
	4R	17.53	16.23~19.03	4188

（续）

燃气类别		高热值华白数/（MJ/m³）		高热值华白数/（kcal/m³）
		标准	范围	标准
人工燃气	5R	21.57	19.81～23.17	5153
	6R	25.70	23.85～27.95	6140
	7R	31.00	28.57～33.12	7406
天然气	3T	13.30	12.42～14.41	3177
	4T	17.16	15.77～18.56	4100
	10T	41.52	39.06～44.84	9919
	12T	50.72	45.66～54.77	12117
液化石油气	19Y	76.84	72.86～87.33	18357
	22Y	87.33	72.86～87.33	20863
	20Y	79.59	72.86～87.33	19014
液化石油气混空气	12YK	50.7	45.71～57.29	12110
二甲醚	12E	47.45	46.98～47.45	11333
沼气	6Z	23.14	21.66～25.17	5527

五、城镇燃气的分类和基本特性

城镇燃气是由若干气体组成的混合气体，其主要组分是一些可燃气体，如甲烷等烃类、氢和一氧化碳，另外也包含有一些不可燃气体，如二氧化碳、氮和氧等。

按气源分类，城镇燃气可分为人工燃气、天然气、液化石油气、液化石油气混空气、二甲醚和沼气。

（1）人工燃气　一般用管道输送，它是用煤炼制而成的，首要成分是氢、甲烷、一氧化碳，自身无色无味但有毒性，比空气轻。

（2）天然气　一般用管道输送，它是蕴藏在地层中天然生成的可燃气体。它的主要成分是甲烷，本身无色无味，不含一氧化碳，比空气轻，纯度较高。

（3）液化石油气　一般为瓶装，它是石油炼制过程中的隶属产品，在常温下施加一定的压力可酿成液体。它的主要成分是丙烷、丁烷，比空气重，可燃性极强。

（4）液化石油气混空气　运用一定的技术设备，将液化石油气的液态充分汽化，并用一定的科学原理与定比例的空气混合，形成混合燃气，以管道的形式输送给用户使用。

（5）二甲醚　又称为甲醚，简称 DME，在常压下是一种无色气体或压缩液体，具有轻微醚香味，其性能与液化石油气相似。按照 DME 的特性以及国家相关规定，所有气瓶、燃烧设备以及输配、运输、储存等环节都得采用 DME 专用设备，主要原因是 DME 对部分密封橡胶具有一定的溶胀性。

（6）沼气　虽然沼气的主要成分也是甲烷，但是含量比天然气低得多，一般甲烷含量为 50%～80%，含有少量的氢气和硫化氢，不可燃气体（二氧化碳和氮气）的含量一般为 20%～45%。

城镇燃气标准气参数见表 4-2。

表 4-2　城镇燃气标准气参数

类　别		额定压力/Pa	体积分数（%）	相对密度 d	热值/（MJ/m³）		华白数/（MJ/m³）	
					H_i	H_s	W_i	W_s
人工燃气	3R	1000	$\varphi_{(CH_4)}=9$，$\varphi_{(H_2)}=51$，$\varphi_{(N_2)}=40$	0.472	8.27	9.57	12.04	13.92
	4R	1000	$\varphi_{(CH_4)}=8$，$\varphi_{(H_2)}=63$，$\varphi_{(N_2)}=29$	0.369	9.16	10.64	15.08	17.53
	5R	1000	$\varphi_{(CH_4)}=19$，$\varphi_{(H_2)}=54$，$\varphi_{(N_2)}=27$	0.404	11.98	13.71	18.85	21.57
	6R	1000	$\varphi_{(CH_4)}=22$，$\varphi_{(H_2)}=58$，$\varphi_{(N_2)}=20$	0.356	13.41	15.33	22.48	25.70
	7R	1000	$\varphi_{(CH_4)}=27$，$\varphi_{(H_2)}=60$，$\varphi_{(N_2)}=13$	0.317	15.31	17.46	17.19	31.00
天然气	3T	1000	$\varphi_{(CH_4)}=32.5$，$\varphi_{(Air)}=67.5$	0.853	11.06	12.28	11.97	13.30
	4T	1000	$\varphi_{(CH_4)}=41$，$\varphi_{(Air)}=59$	0.815	13.95	15.49	15.45	17.16
	10T	2000	$\varphi_{(CH_4)}=86$，$\varphi_{(N_2)}=14$	0.613	29.25	32.49	37.38	41.52
	12T	2000	$\varphi_{(CH_4)}=100$	0.555	34.02	37.78	45.67	50.72
液化石油气	19Y	2800	$\varphi_{(C_3H_8)}=100$	1.550	88.00	95.65	70.69	76.84
	22Y	2800	$\varphi_{(C_4H_{10})}=100$	2.076	116.09	125.81	80.58	87.33
	20Y	2800	$\varphi_{(C_3H_8)}=75$，$\varphi_{(C_4H_{10})}=25$	1.682	95.02	103.19	73.28	79.59
液混气	12YK	2000	$\varphi_{(LPG)}=58$，$\varphi_{(Air)}=42$	1.393	55.11	59.85	46.69	50.70
二甲醚	12E	2000	$\varphi_{(CH_3OCH_3)}=100$	1.592	55.46	59.87	43.96	47.45
沼气	6Z	1600	$\varphi_{(CH_4)}=53$，$\varphi_{(N_2)}=47$	0.749	18.03	20.02	20.84	23.14

注：1. 空气（Air）的体积分数：$\varphi_{(O_2)}=21\%$，$\varphi_{(N_2)}=79\%$。
2. 相对密度 d、热值 H 和华白数 W 依据 GB/T 11062—2014 的规定计算确定。

六、技能操作

（一）选择匹配燃气阀进行更换并检查其密封性和开关性能

1. 选择匹配阀门并进行更换

燃气灶具旋塞阀原则上是可以三气通用（即天然气、液化石油气、人工燃

气）的，因为旋塞阀本身自带保火流量调节螺钉。当旋塞阀没有保火流量调节螺钉或是自带喷嘴时，应更换相对应的旋塞阀。具体更换步骤如下：

1）旋塞阀与喷嘴之间有连接管时，将12号呆扳手插入喷嘴（或是连接螺钉）六角螺母，将14号呆扳手插入连接管六角螺母逆时针转动，取下连接管，拔下热电偶与旋塞阀的连接线。

2）旋塞阀自带喷嘴时，观察炉头与底盘的连接方向，用十字槽螺钉旋具拧下固定螺钉，取下炉头，并拔下点火针与热电偶连接线。

3）旋塞阀一般安装在进气管上，先拔下进气管上的软管或用活扳手拧下波纹管，用十字槽螺钉旋具将进气管上的螺钉拧下，观察旋塞阀与进气管的连接方式，再用十字槽螺钉旋具拧下安装旋塞阀的两个螺钉。

4）根据气源种类，选定对应气源的阀体和喷嘴。

5）将旋塞阀进气口插入进气管出气口，注意旋塞阀密封垫是否放正或遗失，用十字槽螺钉旋具将螺钉固定。

6）安装有旋塞阀的进气管时应用螺钉将其固定在底盘上。

7）旋塞阀与喷嘴之间有连接管时，用12号呆扳手插入喷嘴（或是连接螺钉）六角螺母，14号呆扳手插入连接管六角螺母顺时针转动，至拧紧。连接热电偶线。

8）旋塞阀自带喷嘴时，安装炉头，将炉头进气口插入阀体出气口喷嘴处，用螺钉固定相应孔，连接炉头上的点火针线和热电偶线。

9）将燃气软管一头插入灶具接头至红线处，用十字槽螺钉旋具把卡箍固定；采用金属波纹管时，用活扳手拧下灶具进气接头，只剩下四分口，再将金属波纹管的四分口螺母拧入接头，用两把活扳手拧紧。

2. 对更换气阀后的管路进行密封检查

（1）肥皂水检漏步骤

1）肥皂液的制备。用适量的肥皂或洗洁精等调制成肥皂水，搅拌出大量泡沫。

2）打开燃气管道开关，用软毛刷蘸取肥皂水涂抹管子连接处，观察30s是否冒气泡，若冒气泡说明有漏气，应及时切断气源，然后收紧或重装连接口。

3）重复上述方法，直至无气泡，说明无漏气，方可使用灶具。

（2）检漏仪检漏步骤

1）将检漏仪插头插入220V交流电插座中。

2）打开仪器电源开关，机器开始自检（检查各指示灯、内部电气回路、存储器以及原来的设定值是否正确），接下来机器进入180s预热时间，机器主显示窗内显示倒计时时间。

3）自检结束后，调节主显示窗内的测试压力应为4.2kPa；辅助显示窗内显示当前组号。

4）将仪器连接橡胶软管插入产品软管接头，套至软管接头红色环处（保证气密性完好）。

5）设定好 CHG、BAL、DET、EXH 时间，选择好组号（按组号键，同时观察辅助显示窗）。

6）按下“CAL”键，等待仪器测定并自校产品容积。

7）对于带熄火保护装置的灶具，应将旋钮转至开阀状态（最大位置）。

8）在仪器为复位状态下，按下仪器外控盒上的“绿色”按钮，开始检测，步骤如下：

① 绿色：“OK”灶亮为合格，通过。

② 红色：“+NG”“-NG”灶亮为不合格（此时伴有连续的报警声），必须重新插好连接管，再次检测，合格的放行，不合格的检查漏气点。

③ 红色：“P·NG”灯亮为测试压力异常或大漏，检查连接管是否连接可靠（要求再检一次灶具）。

9）完成检测后，关闭电源开关和压缩空气，拔出检漏仪插头。

（二）对阀门进行拆卸、清洗和维护保养

具体操作步骤如下：

1）用螺钉旋具拆下靠近阀杆端的固定支架。

2）拆下支架下面的底板。

3）阀门里面的阀芯可用尖嘴钳旋转拔出。

4）用螺钉旋具卸下电磁阀的固定螺钉，直接拔出电磁阀。

5）拆下阀体底面辅体，可以拿出拨叉（杠杆机构）。

6）清洗相应部位，清洗后晾干。

7）阀芯用二硫化钼润滑。

8）按拆卸相反顺序回装阀体，特别注意的是在装阀芯时注意方向。

（三）放散燃气管道内原气源的操作方法

室内直接放散法步骤如下：

1）取一根较长燃气软管，一端连接室内管道燃气出口，另一端放置在窗户外（户外），并将其固定，防止掉进室内。

2）观察风向，防止燃气倒灌进室内。

3）打开燃气总阀，开始放散管道内原燃气。

4）放散时间按室内管道长短来确定，时间为 2～5min。

5）拔下放散用软管，用燃气专用软管或金属波纹管连接灶具与管道。

6）检验灶具连接部分的气密性。

7）调试风门，直至灶具正常燃烧。

第二节　灶具附件及管路安装

一、燃气调压器与流量计的工作原理及维护保养

1. 燃气调压器的使用要求和维护保养

（1）调压器的使用要求

1）调压器螺纹端的丁腈橡胶圈表面应光滑且无划痕等缺陷。

2）安装时检查上盖呼吸孔应通畅无阻塞，上盖朝上安装。

3）螺纹为左旋螺纹时，拧紧时用右手向内旋转才能拧紧。

4）燃气软胶管必须是燃气专用胶管，内径为9.5mm。

（2）调压器的维护保养

1）调压器上盖的呼吸孔是用来调节空气量的，在使用和清洁过程中，如发现呼吸孔堵塞，可用细铁线小心通透，但要防止刺破或损坏调压器内的橡胶薄膜。

2）液化石油气钢瓶的位置如果放得不符合要求，有可能使液化石油气流入调压器，造成橡胶密封圈溶解膨胀，使进气口间隙变小或堵塞，影响正常使用。此外，橡胶密封圈是易损件，长期使用后，会由于液化石油气的腐蚀作用而使它出现坑凹，造成漏气。因此，应定期检查。

3）燃气调压器的结构比较严密，不允许用户随意拆卸或乱拧乱动，以免降低其密封、降压和稳压性能，更要防止拆卸损坏造成高压直接送气而引起火灾事故。

4）定期检查调压器与胶管的连接是否严密。

2. 燃气流量计的工作原理及维护保养

对燃气用量实施计量的仪表是燃气流量计，简称燃气表。它的工作原理就是测量单位时间内流体通过一定截面积的体积量或质量。

家用燃气流量计一般为膜式燃气表，其主要参数见表4-3。

表4-3　膜式燃气表的主要参数

q_{max}/(m³/h)	q_{min}/(m³/h)	q_t/(m³/h)	q_r/(m³/h)
2.5	0.016	0.25	3.0
4	0.025	0.4	4.8
6	0.04	0.6	7.2
10	0.06	1.0	12.0

（续）

q_{max}/(m³/h)	q_{min}/(m³/h)	q_t/(m³/h)	q_r/(m³/h)
16	0.10	1.6	19.2
25	0.16	2.5	30
40	0.25	4.0	48
65	0.40	6.5	78
100	0.65	10.0	120
160	1.0	16.0	192

注：q_{max}为最大流量；q_{min}为最小流量；q_t为分界流量；q_r为过载流量。

（1）燃气流量计的选型原则　膜式燃气表的型号选择见表4-4。

表4-4　膜式燃气表的型号选择

型号	q_{max}/(m³/h)	q_{min}/(m³/h)
G4	0.04	6
G10	0.1	16
G16	0.16	25
G25	0.25	40
G25	0.04	40

（2）燃气流量计使用注意事项

1）不能因为节约成本或者注重流量，而出现小马拉大车的现象，这样就会导致计量偏负，增加输出压力差，进而缩短寿命。

2）若出现大马拉小车，也会浪费成本。

3）公表和分表同时计量时，测量数值可能存在偏差。

4）对于温差较大的地区或易腐蚀的地方，宜选择铝外壳燃气流量计。

5）做好充分的实际数据收集分析工作。

（3）燃气流量计的安装要求

1）安装过程中不应倒置流量计（即使运输和存放过程中也不要倒置）。

2）安装后应确保通风良好，远离火源，防雨、防潮，不受振动，并且避免长时间阳光直射。

3）安装前应排除管道内的灰尘、铁渣和水等杂物，且管道连接处无泄漏。

4）安装时，表体不要接触周围的墙壁（自由悬空）。

5）流量计与连接管道之间不存在安装应力。

6）按照产品标示的方向正确连接进气口和出气口，施加在管接头上的力矩符合要求（80N·m）。

7）流量计进气口前应安装一个可关闭气路的阀门。

8）进入流量计的燃气压力不得超过流量计所标识的最大工作压力。

9）安装完成后对外接头刷上防锈漆做防腐处理。

10）流量计通气时应缓慢开启表前阀，避免气流冲击流量计。

11）严禁明火检漏。

（4）燃气流量计的维护保养

1）安装完成后，投入使用时，不得随意触动流量计。

2）在抄表时或组织定期检查时，做好检查记录（目测）：

① 用气信息状态。

② 用户使用状态。

③ 使用与环境状态。

④ 产品质量状态，如铅封、计数器、外壳等。

⑤ 智能产品工作状态（含机械与电子计数差异）。

3）定期检查产品使用的安全性（密封性）。

4）在检修、调试用户高压器时，必须关断表前阀。

5）严禁明火检漏。

6）正常使用过程中，一般不需要专门的维护。

二、灶具附件安装注意事项

集成灶作为家用燃气灶具的新成员，是一种集吸油烟机、燃气灶、消毒柜、储藏柜等多种功能于一体的厨房电器，除了灶具常规的附件外，还包括其他附件：烟管、排烟止回阀、电源线。

1）在选购集成灶之前，就要对集成灶的尺寸进行了解，然后在进行橱柜制作时，就要留出相应大小的集成灶、电源接口以及排烟管入口的位置。

2）选购好集成灶后，在准备安装时，应核查尺寸和型号是否吻合。

3）集成灶插座位置应该在水电改造时就已规划好，由于集成灶的电源线一般只有1.5m长，所以插座常安装在集成灶上方80cm的位置。

4）集成灶排风口的大小应根据产品的排风管大小来钻削。排烟口应该是外部直径大，内部直径小，防止雨水倒灌。

5）排烟管通入公用烟道时，一定要用防回烟止回阀加以连接，并密封好。若将烟气排放到墙外，则建议在排烟管外装上百叶窗，避免出现回灌现象。

6）若将烟气排放到共用烟道，切勿将排烟管插入过深，这将导致排烟阻力增大。若是将烟气排向室外，则务必使排烟管口向室外伸出3cm。排烟管不宜太长，最好不要超过2m，而且尽量减少折弯，避免多个90°折弯，否则会影响吸油烟效果。

三、操作技能

1. 选择与灶具流量相符的调压器的方法

1）调压阀的额定流量为 0.6m^3/h 时，适用于一台普通家用双头或单头灶具。

2）调压阀的额定流量为 1.2m^3/h 时，适用于一台 10L 以上燃气热水器和一台普通家用双头或单头灶具。

2. 组装燃气灶具附件

燃气灶具主要附件有：开孔卡板、电池、锅架（包括辅助锅架）、抱箍/卡箍。

操作步骤如下：

1）首先从燃气灶包装箱中取出开孔卡板，按该卡板的使用说明和提供的尺寸，在灶台面上开出嵌装孔，开孔时注意使灶具与墙壁或其他物品的距离不小于 15cm，且正上方应留有 100cm 以上的空间。如果安装吸油烟机，也应按吸油烟机的安装要求设置此类空间。

2）取出电池（在安装前应将电池外面的包装塑料撕掉），电池盒位于灶具的底部，打开电池盒盖确认正负极后再装入电池。

3）取出大、小火盖，清洁火盖表面及火孔，防止异物进入火孔，按照说明书中的要求将大、小火盖按炉头轴线装配到炉头上，装配完成后轻轻转动，确保火盖安装正确。

4）将锅架放置在接水盘上并轻轻转动，确保锅架安装正确。

5）去除主进气管上的防尘帽，使用钢瓶气源时橡胶管应插入至燃气灶主进气接头的带有红色线的位置，另一端接气源阀门，两端并用抱箍进行紧固；使用管道气源时用专用不锈钢波纹软管，在接口处垫上橡胶垫后用扳手旋紧螺母。

6）用软毛刷蘸取肥皂水涂至管子连接处，观察 30s 内是否有气泡，如有气泡说明有漏气，应及时切断气源，重复上述方法，直至无气泡，说明无漏气，方可使用灶具。

复习思考题

1. 城镇燃气是如何分类的？燃气的指标和特点有哪些？
2. 什么是燃气的互换性？主要指标是什么？
3. 燃气灶具如何根据气种变化进行置换？
4. 你如何建议用户选用合适的燃气调压器和流量计？

第五章

供热水、供暖两用型燃气快速热水器安装

培训学习目标 熟悉供暖型燃气快速热水器、两用型热水器、冷凝式两用型热水器的结构原理，熟悉两用型热水器的安装技术要求，掌握产品及其附属设施的安装和调试方法。

第一节 热水器安装

一、供热水、供暖两用型燃气快速热水器的结构与工作原理

（一）供暖型燃气快速热水器的结构与工作原理

供暖型燃气快速热水器是单纯为供暖系统提供热水（不提供生活热水）的一种燃气燃烧器具，也称为单暖型热水器。

1. 供暖型燃气快速热水器的结构

供暖型燃气快速热水器由气路系统、水路循环系统和控制系统三大系统和密封的机身组成。其中，进气管路、比例阀、燃烧器、燃烧室、热交换器、风机及给排烟管等组成气路系统；进水管路、补水阀、膨胀水箱、安全泄压阀、水压表、循环水泵、热交换器、旁通阀、出水管路等组成水路循环系统；控制器、操作显示器、点火器、水温传感器及保护器等组成控制系统。

供暖型燃气快速热水器的结构如图 5-1 所示。

2. 供暖型燃气快速热水器的工作原理

供暖型燃气快速热水器的工作原理如图 5-2 所示。热水器启动运行时，循环水泵优先启动，带动水路循环运转，然后再运行点火工作，燃气点燃加热流经换热器的采暖水。废气则通过风机的抽排，从平衡给排气管的内管排放到室外。燃

烧所需空气在风机抽排产生的负压作用下，从平衡给排气管的外管吸入机内，并从燃烧器的底部进入燃烧室。

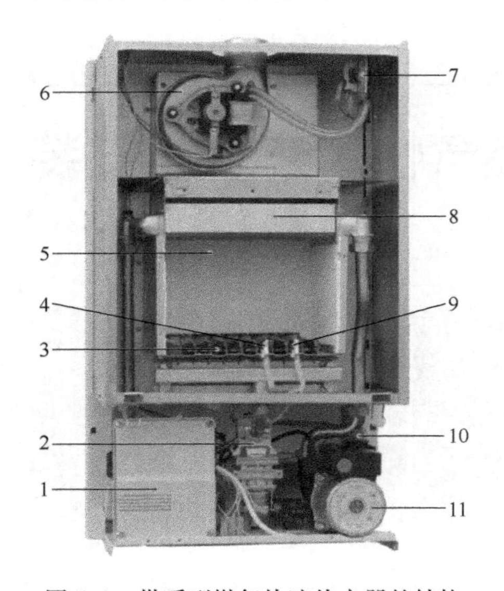

图 5-1 供暖型燃气快速热水器的结构

1—控制器 2—燃气比例阀 3—燃烧器
4—火焰反馈针 5—燃烧室 6—风机
7—风压开关 8—换热器 9—点火针
10—自动排气阀 11—水泵

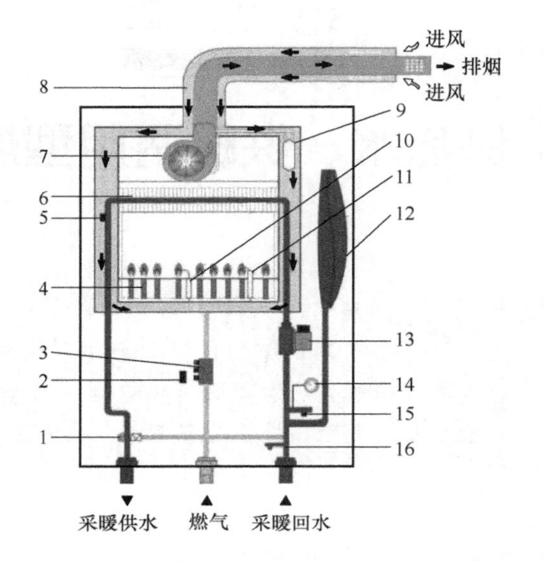

图 5-2 供暖型燃气快速热水器的工作原理

1—旁通阀 2—脉冲点火器 3—燃气比例阀
4—燃烧器 5—温控器 6—换热器 7—风机
8—排烟管 9—风压开关 10—火焰反馈针
11—点火针 12—膨胀水箱 13—水泵
14—水压表 15—安全阀 16—补水阀

开机启动流程是：开机操作→水泵运转→风机运转→风压开关动作→脉冲点火→比例阀吸合→着火燃烧→火焰反馈针探测火焰→燃气燃烧。

当室内供暖系统中的阀门处于很小开度时（即用户采暖需求量极小时），将会导致机内供暖出水压力过高，此时旁通阀打开形成机内循环通路，部分供暖热水通过内循环回流以满足水泵需求的最低循环水量。

当按下停止按钮时，热水器将按下面的顺序停机：关闭燃气阀→熄火→风机停转→风压开关断开→循环水泵停转。

（二）两用型燃气快速热水器的结构与工作原理

两用型燃气快速热水器是既可供暖也可提供生活热水的一种燃气燃烧器具，以下简称两用型热水器。目前市场上销售的两用型热水器不能同步运行供暖和供热水功能，只可以单独或交替使用，默认启动模式是采暖模式，但运行上供热水模式优先。也就是说，无论是在启动模式还是供暖运行状态下，只要外部供热水开关打开，供热水水路流动，热水器都会自动停止供暖运行状态，切换到供热水

状态。

在气路结构上，两用型热水器与单暖型热水器之间没有区别，但由于两用型热水器增加了提供生活热水的功能，因此在水路结构上有较大差异，两用型热水器在单暖型热水器基础上增加了一条供生活用水的热水通路。

按两用型热水器生活热水的加热方式来划分，则可分为套管式和板换式两种。套管式和板换式的水路结构则存在着较大差异，下面将逐一介绍两者的结构差异和工作原理。

1. 套管式两用型热水器

（1）套管式两用型热水器的结构　套管式两用型热水器的结构如图5-3所示。由于前面已对单暖型热水器的气路系统进行了详细介绍，这里不再赘述。下面着重介绍套管式两用型热水器的水路结构，这也是套管式两用型热水器和单暖型热水器在结构上的最大差异。

图5-3　套管式两用型热水器的结构

1—控制器　2—燃气比例阀　3—燃烧器　4—火焰反馈针　5—燃烧室　6—风机　7—风压开关　8—主换热器　9—点火针　10—自动排气阀　11—水泵

单暖型热水器的换热器与给排式热水器的相似，但结构不同。而套管式热水器的换热器与单暖型热水器的换热器相比，除外部多两个接口外，水路盘管的内部结构有较大差别。套管式热水器的换热器是内外双层水管，即外水管同轴内套一条内水管，外水管循环采暖热水，内水管提供生活用水，内水管靠外水管的热水间接加热。换热器的两组独立的进、出水接口，分别对应连接采暖水路和生活用水水路。

套管式两用型热水器内部的供暖水路与单暖型热水器水路几乎一致，差别仅仅是供暖水路的补水阀与生活用水水路的冷水段相连，方便补水。而生活用水的水路与恒温热水器的水路结构相同。

（2）套管式两用型热水器的工作原理　如图5-4所示，在供暖运行状态下，供暖热水在循环水泵驱动下循环加热。供暖循环水从采暖回水口进入，依次流经补水阀补水口、旁通阀旁路出水口、膨胀水箱分路口、安全泄压阀、水压传感器、水泵，到主换热器进行加热，流经旁通阀后从供暖热水出口进入室内的供暖系统，通过散热器后再从回路流入热水器，如此循环不断（这一循环称为大循环）。在供暖运行的开机运行和停机流程上，套管式两用型和单暖型热水器之间是没有区别的。

在生活用水状态下（也即生活用水流动状态下），生活用水水路水流开关动作，水泵停转，循环水停止，此时燃烧继续进行，加热换热器和外层水，外层水加热内管，内管再加热流过的冷水。冷水加热后变为热水，从热水出口到各个用水口，提供使用热水。在供热水运行模式下，其开机和关机流程和恒温热水器没有区别。

2. 板换式两用型热水器

（1）板换式两用型热水器的结构　板换式两用型热水器的主热交换器采用和单暖型热水器相同的换热器，与单暖型的结构差别在于机内的采暖回水段和采暖出水段并联了一个板式换热器（简称板换或板换器），形成一个由电磁三通阀控制的内循环。生活用水则通过内循环在板换器上进行热交换。板换式两用型热水器的结构如图5-5所示。

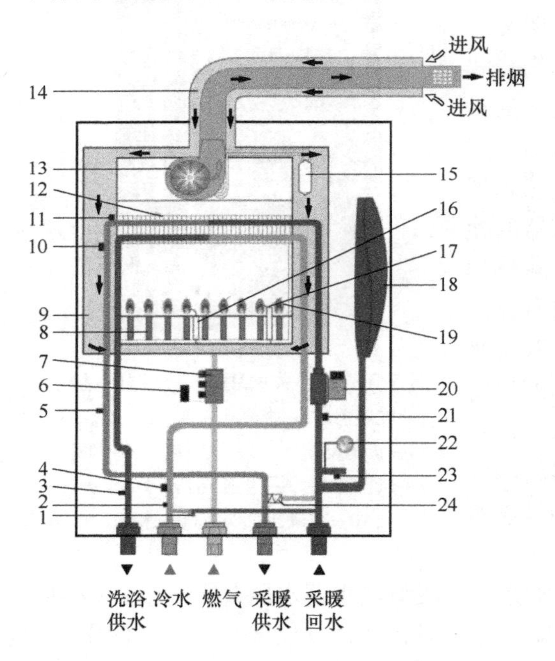

图5-4　套管式两用型热水器的工作原理

1—补水阀　2—感温探头　3—洗浴水感温探头　4—洗浴水开关　5—采暖水感温探头　6—脉冲点火阀　7—燃气比例阀　8—燃烧器　9—密封室　10—温度传感器　11—防过热温控器　12—换热器　13—风机　14—排烟管　15—风压开关　16—火焰反馈针　17—点火针　18—膨胀水箱　19—燃烧室　20—循环水泵　21—水压传感器　22—水压表　23—安全阀　24—旁通阀

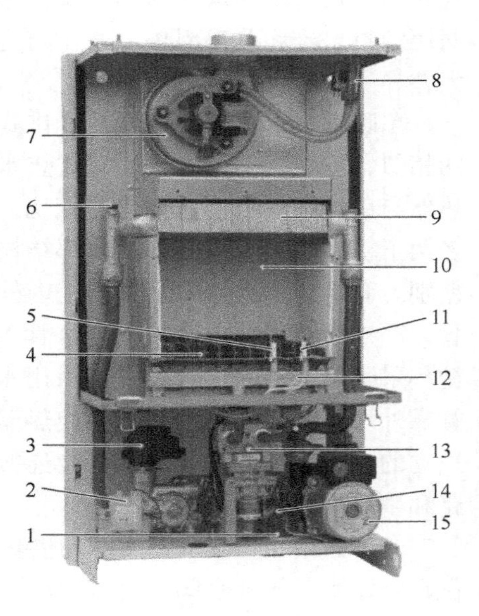

图5-5　板换式两用型热水器的结构

1—补水阀　2—脉冲点火器　3—电磁三通阀　4—燃烧器　5—反馈针　6—防过热温控器　7—风机　8—风压开关　9—主换热器　10—燃烧室　11—点火针　12—安全阀　13—燃气比例阀　14—进水阀　15—水泵

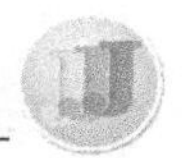

除板换器、电磁三通阀外，板换式两用型热水器的其他组件除控制器外和单暖型热水器的组件一般都通用。

（2）板换式两用型热水器的工作原理 板换式两用型热水器无论是处于供暖还是供热水模式运行，循环水泵始终保持运转状态。

如图5-6所示，在供暖模式下，三通阀通路转向采暖回路，供暖热水经外部大循环采暖。当供热水通路打开时，机器自动跳转到供热水模式，三通阀自动转向内循环，外循环关闭。在板换式热水器的换热器上冷水与循环逆向换热得到加热，从热水出口供给各个用水口。

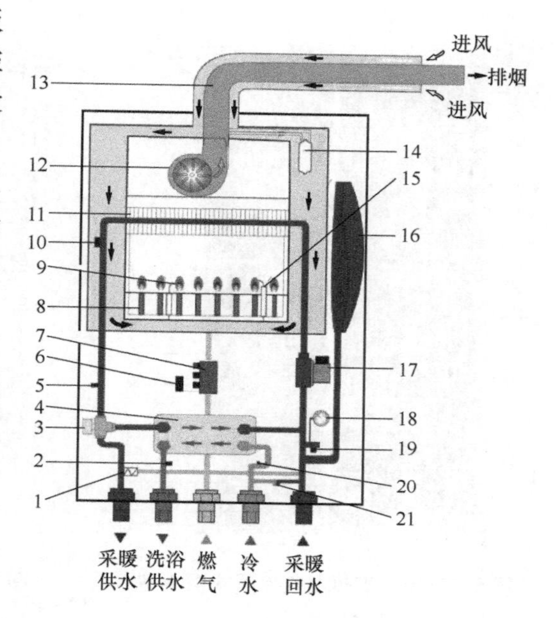

图5-6 板换式两用型热水器的工作原理

1—旁通阀 2—洗浴水感温探头 3—电磁三通阀 4—板式换热器 5—采暖水感温探头 6—脉冲点火器 7—燃气比例阀 8—燃烧器 9—反馈针 10—防过热温控器 11—换热器 12—风机 13—排烟管 14—风压开关 15—点火针 16—水箱 17—水泵 18—水压表 19—安全阀 20—水流开关 21—补水阀

板换式两用型热水器开机运行流程是：洗浴开机（供暖运行开机进程和单暖机型一致）→开启生活用水→水流开关打开→三通阀跳转→水泵运转→风机运转→风压开关动作→脉冲点火→比例阀吸合→点火燃烧→火焰反馈针探测火焰→正常燃烧。

（三）冷凝式两用型热水器的结构与工作原理

冷凝式两用型热水器是一种高效节能环保型燃气具，根据其燃烧方式和换热方式，其结构不同。一种是基于大气式燃烧的冷凝式两用型热水器，其燃烧方式和换热方式与冷凝式热水器相同，结构上和普通两用型热水器相比多了一个冷凝换热器，其结构和工作原理如图5-7、图5-8所示。另一种是基于全预混燃烧和一体化高效换热器组成的冷凝式两用型热水器。冷凝式两用型热水器具高热效率和 NO_x 排放含量低的特点，但由于其对空气和气源等使用条件的要求比较苛刻，导致这种热水器在国内的推广受到一定限制。全预混冷凝式两用型热水器的结构和工作原理如图5-9、图5-10所示。

全预混冷凝式两用型热水器与普通两用型热水器主要差别的组件：一体式燃烧换热器、预混器、变频风机、冷凝水中和器等。

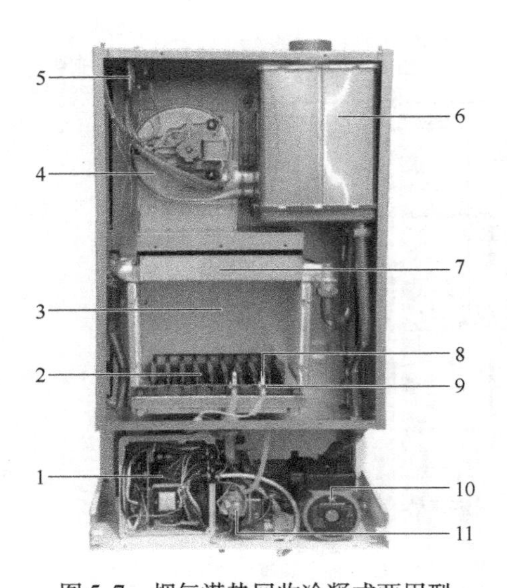

图 5-7　烟气潜热回收冷凝式两用型热水器的结构

1—控制器　2—燃烧器　3—燃烧室　4—风机　5—风压开关　6—板式换热器　7—主换热器　8—点火针　9—火焰反馈针　10—水泵　11—燃气比例阀

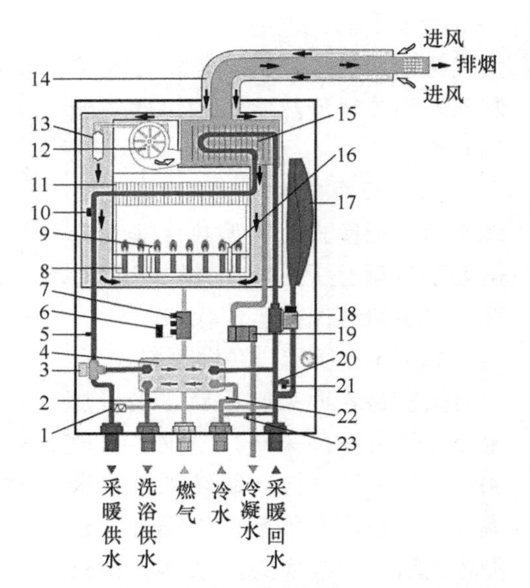

图 5-8　烟气潜热回收冷凝式两用型热水器的工作原理

1—旁通阀　2—洗浴水感温探头　3—电磁三通阀　4—板式换热器　5—采暖水感温探头　6—脉冲点火器　7—燃气比例阀　8—燃烧器　9—火焰反馈针　10—防过热温控器　11—换热器　12—风机　13—风压开关　14—排烟管　15—冷凝换热器　16—点火针　17—膨胀水箱　18—水泵　19—冷凝水中和器　20—水压表　21—安全阀　22—水流开关　23—补水阀

二、供热水、供暖两用型热水器对安装使用环境的基本要求

相对于供热水型热水器，供热水、供暖两用型热水器具有连续运行时间长、耗气量大的特点，这就对其安装使用的环境条件提出了更高的要求。

1. 对燃气供应的要求

1）燃气质量应符合现行国家标准《城镇燃气技术规范》（GB 50494—2009）的有关规定。

2）燃气的供气压力应在（0.75～1.5）p_n 范围内（p_n 为两用型热水器的额定燃气压力）。

3）燃气管道的计算流量应不小于供热水、供暖两用型热水器的最大运行负荷状态下的流量值，燃气表的额定输出量应不小于供热水、供暖两用型热水器的额定耗气量。燃气表的规格及额定输出量见表 5-1。

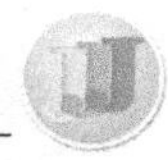

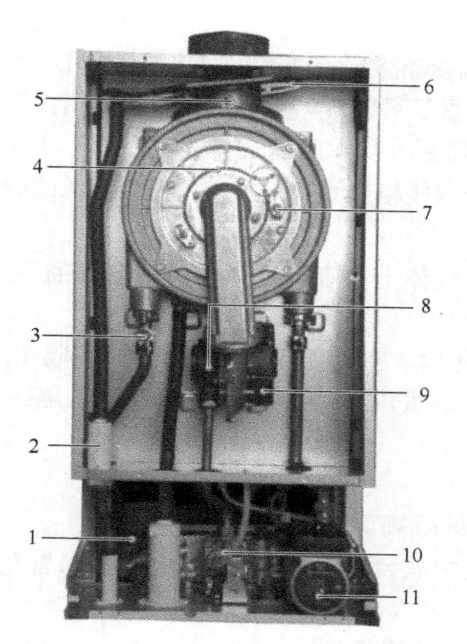

图5-9　全预混冷凝式两用型热水器的结构
1—三通出水阀　2—冷凝水中和器　3—供暖温度传感器　4—一体换热器　5—排烟限温装置　6—防雨水回流装置　7—点火装置　8—预混器　9—直流变频风机　10—燃气比例阀　11—循环水泵

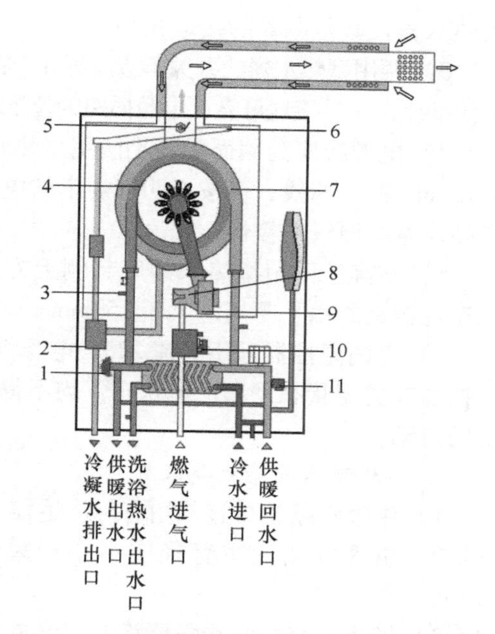

图5-10　全预混冷凝式两用型热水器的工作原理
1—三通出水阀　2—冷凝水中和器　3—供暖温度传感器　4—一体换热器　5—排烟限温装置　6—防雨水回流装置　7—点火装置　8—预混器　9—直流变频风机　10—燃气比例阀　11—循环水泵

表5-1　燃气表的规格及额定输出量

燃气表的规格	额定输出量/(m^3/h)	最大输出量/(m^3/h)
G1.6	1.6	2.5
G2.5	2.5	4
G4	4	6
G6	6	10

4）与两用型热水器连接的燃气管道应选用符合相关标准规定的管道，不应采用胶管连接。连接管的管径应与燃气管道接口及热水器进气接口的孔径相对应，一般为DN25（4分管）和DN32（6分管）。

5）燃气管道和两用型热水器之间应设置手动切断阀。

2. 对电气安全及电源线连接的要求

1）两用型热水器的供电电源应采用220V±22V、50Hz的单相交流电源。

2）两用型热水器的供电系统应有可靠的接地装置，不得用燃气管或水管作为热水器及其他电器的接地线。

3）两用型热水器的开关不应设置在有浴盆或淋浴设备的房间，应使用专用三孔电源插座，并且接地可靠，电源插座的位置应置于不会产生触电危险的安全位置。

4）电源线应为截面积满足两用型热水器最大功率的需求，且截面积不小于 $0.75mm^2$ 的 3 芯线；可按说明书规定的电源线规格尺寸进行检查；连接电源线时必须注意电源线的极性。

5）在高于两用型热水器底部侧上方的墙体上，应设置专用防水电源插座。插座与器具的水平距离应大于 150mm。

6）室内温控器采用交流 220V 电源供电时，控制回路应与电源系统相隔离。温控器在关闭状态下和工作状态下均不得影响供热水、供暖两用型热水器防冻功能的启动。

3. 对供暖水管路的要求

1）供暖管路管材宜使用有抗渗透能力的阻氧管。

2）供暖管路的主管径应不小于采暖炉底部预留的供暖供水、回水管的管径。

3）供暖系统的各并联环路上应设置关闭和调节阀门。

4）供暖系统水平管道的敷设应有一定坡度，坡向应有利于排气和泄水。

5）系统安全阀的泄放口应引至安全处。

6）供暖系统管路上的两用型热水器、除污器、去耦罐、散热器等设备上和系统中的最低点应设置排污、泄水装置，系统管路最高点应设置自动排气阀或集气罐。

7）两用型热水器的进水与出水管宜采用 PPR 管等非导电塑料管材。不应采用不锈钢波纹管、铝塑管等导电的管材，不应使用金属软管花洒，以防止触电。

三、供热水、供暖两用型热水器安装技术要求

1. 安装位置要求

（1）可安装供热水、供暖两用型热水器的位置　建筑物的下列房间和部位可安装采暖炉：

1）通风良好，有给排气条件的室内厨房、封闭的阳台或非居住房间内。

2）当需安装在外廊、未封闭的阳台上时，安装环境应防冻（不得低于 0℃）且通风状况应良好，并设有防风、雨、雪的设施。

（2）禁止安装供热水、供暖两用型热水器的位置　建筑物的下列房间和部位不得安装：

1）卧室、起居室和浴室等。

2）楼梯和安全出口附近（5m 以外不受限制）。

3）易燃、易爆物品的堆放处。

4）存放有挥发性、腐蚀性气体的房间。

5）电线、电气设备处（如带有强磁场的电磁炉或微波炉旁边）。

6）建筑物的地下室、半地下室不应安装供热水、供暖两用型热水器；当受条件限制必须安装时，应设置燃气自动报警切断装置、防爆机械通风装置等。

2. 供热水、供暖两用型燃气热水器安装要求

1）安装人员在安装前应阅读供热水、供暖两用型热水器自带的产品使用说明书，了解产品的安全注意事项和技术要求。

2）供热水、供暖两用型热水器应安装在耐火且并能够承受自身工作重量4倍的墙壁上，器具的安装应牢固，并保持竖直，不得倾斜。

3）供热水、供暖两用型热水器安装在其他燃气具上方时，热水器与其他燃气具的水平净距不得小于30cm。

4）为便于维修，供热水、供暖两用型热水器安装后应留出维护保养空间。

5）供热水、供暖两用型热水器下部地面的最低点应设置排水地漏或其他相应措施。

3. 供热水、供暖两用型燃气热水器给排气管连接要求

供热水、供暖两用型燃气热水器给排气管连接示意图如图5-11所示。

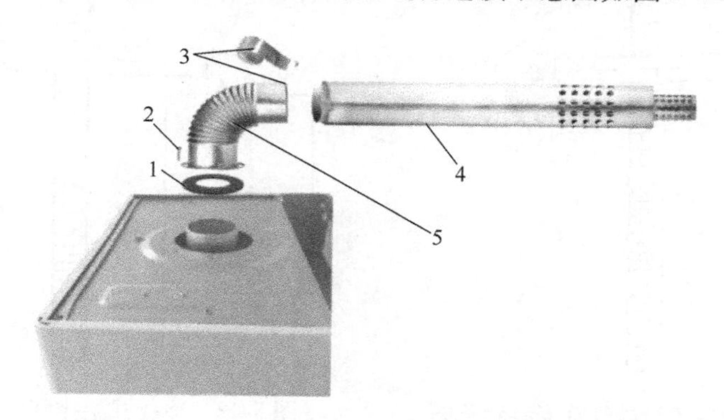

图5-11　供热水、供暖两用型燃气热水器给排气管连接示意图

1—排烟管垫片　2—自攻螺钉　3—铝箔密封条

4—同轴不锈钢管　5—不锈钢同轴法兰弯头

1）两用型热水器给排气管的连接和安装应符合国家相关标准的规定，并与产品安装使用说明书的说明相一致。

2）给排气管和附件应使用原厂配件，同轴不锈钢管、分体管（双头管）及其接头等应适用于两用型热水器的安装。

3）给排气管的吸气口与排烟口可设置在墙壁、屋顶或烟道上，严禁将同轴

给排气管插入共用烟道中。

4）给排气管的等效长度不得大于说明书中的规定值，当选定的给排气管长度超过允许的最大长度时，应将某些管段改为较大直径的给排气管，并应保证管道阻力不超过设计规定的最大值。

5）给排气管出口位置不应设置在正压区，同轴给排气管的进气孔边缘离墙面的距离不小于50mm。

6）当有两台以上并联运行时，两台独立的给排气管间距不少于600mm，且应采取有效措施防止烟气相互吸入。

7）给排气管平直段的安装方法：

① 非冷凝式器具的安装。非冷凝式器具应保持烟管末端向下倾斜1°～3°，以避免排烟管冷凝水及雨水回流到器具内。图5-12所示为非冷凝式给排气管安装示意图。

② 冷凝式器具的安装。冷凝式器具应保持烟管末端向上倾斜1°～3°，以保证烟管冷凝水回流到炉体冷凝水收集器内。图5-13所示为冷凝式给排气管安装示意图。

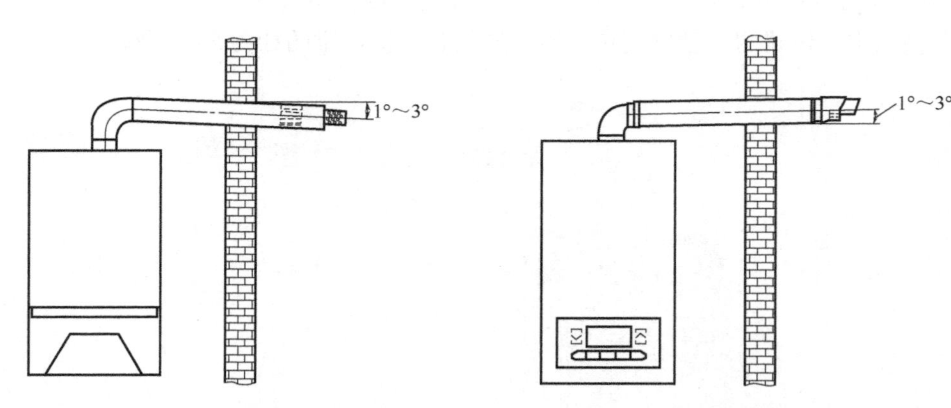

图5-12 非冷凝式给排气管安装示意图

图5-13 冷凝式给排气管安装示意图

8）两用型热水器与排气管和给排气管连接时应保证良好的气密性，搭接长度不应小于30mm。

9）当使用加长给排气管时，应根据两用型热水器产品的技术要求调整烟道限流环。

4. 电源线连接

1）供热水、供暖两用型热水器应使用220V±22V、50Hz单相交流电源。

2）供热水、供暖两用型热水器应有可靠的电气接地，其接地措施应符合国家现行有关标准的规定，并应检查器具的接地线是否可靠和有效。

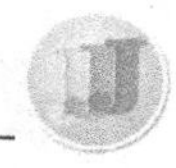

3）电源线的截面积应满足供暖、两用型热水器电气最大功率的需要，且截面积不应小于 $3\times 0.75mm^2$。可按说明书规定的电源线规格尺寸进行检查。

4）连接电源线时必须注意电源线的极性。

5）室内温控器采用220V电源时，控制回路应与电源系统隔离。温控器关闭状态下和工作状态下均不得影响供热水、供暖两用型热水器防冻功能的启动。

四、技能操作

（一）供热水、供暖两用型热水器零部件的拆装

热水器零部件的拆卸顺序与组装顺序正好相反，要遵循由外到内、先结构件后控制件、先组件再部件的方式进行。依据单暖、两用型、冷凝热水器的不同结构，拆卸时大致可按以下步骤进行：

1）把热水器放在工作台上，用十字槽螺钉旋具拆下面盖上端和下端的螺钉，然后拆下面盖和翻盖。

2）拆除底板处的连接线，使膨胀水箱、风压开关等与其他部件没有紧密相连的组件。

3）拆下主控制板，拧下底盖下板处进气管与底盖的联接螺钉以及燃气比例阀与方管处的联接螺钉，取出燃气比例阀与主控制器。

4）拆开循环水泵与主换热器之间的活接螺母（或卡环），取下循环水泵。

5）拆除热交换器及排烟系统与底盖的固定螺钉，从底盖里面取出排烟系统与热交换器放在工作台上，并继续拧下排烟系统与热交换器的联接螺钉，拆下排烟系统与热交换器。

6）拆下的螺钉用容器装好以防丢失，组装机器时应以与拆卸顺序相反的顺序组装。

注意：两用型热水器的拆装方式与单暖热水器基本相同，但两用型热水器的结构要比单暖热水器的复杂，三通阀与板式换热器等需与循环水泵同时拆除。

（二）对用户的水质、水压、电压、管道口径、燃气表规格进行测评，对不符合项提出解决方案

供热水、供暖两用型热水器的安装事关产品的正常使用和用户的人身财产安全，为保障用户生命、财产的安全，安装环境要求与操作必须严格按照《家用燃气快速热水器》（GB 6932—2015）、《燃气采暖热水炉》（GB 25034—2010）、《家用燃气燃烧器具安装及验收规程》（CJJ 12—2009）和《家用燃气燃烧器具安全管理规则》（GB 17905—2008）的相关要求进行。对用户的水质、水压、电压、管道口径、燃气表规格进行测评的方法如下：

1）编制测评评价表，列明测评项目、评价标准、整改方案等。

2）根据测评评价表，逐项进行现场检查、记录及整改。

相关测评项目的检测方法和整改措施如下：

（1）水质及水压的测评和整改

1）查看采暖水管路中除污器的残留物种类和含量，判定循环水路的水质是否达标；当除污器积存污物过多时，应采用清除处理措施；当除污器沉积物堆积速度过快时，需要进行多次灌水冲刷清洗水路的处理。

2）通过采用水压计或开机运行方式来测试自来水水压能否达到生活用水的开启压力。当压水不足时，进一步检查水管、阀门、进水过滤网是否堵塞或管道口径是否过小、扭曲等，如有则清除堵塞和纠正安装，经上述检查处理后若仍确认是供水压力不足的情况，则建议用户安装水路增压泵。

（2）电压及电气安全的测评和整改

1）首先检查是否使用了符合国家标准的独立的专用插座和插座的防潮、防溅能力；如果采用的是移动插座，需提醒用户更换；如发现防潮、防溅能力及安全距离不足，要做移位和防护处理。

2）卸下电源插座面板，查看内部接线情况，判定相线、零线、地线的连接位置是否正确，发现错位后要及时调整；通过查看插座的额定负荷标称数字和电线的线芯直径来判定是否满足负载需要，负荷不足时则需更换插座和电源线；使用万用表测量接地电阻和相电压，判定接地是否可靠和220V的标准电压，接地电阻过大时要查找原因，确保接线良好，必要时需做更换接地线处理。

（3）管道口径的测评和整改　需检查和判定三类管路的口径，分别是采暖水的出水管和回水管的管径、生活用水的进出水管的管径、燃气连接管的管径。检查方法是查看管路的管径标注数字与要求的管径是否匹配，遇到不匹配并影响两用热水器运行的情况时，需要更换相匹配的管道。当遇到管径匹配正确，但运行有障碍的情况时，需进一步检测接口是否堵塞，遇堵时应加以清除或重新连接安装。

（4）燃气表规格的测评和整改

1）通过查看机身铭牌，了解产品的额定热负荷，折算出额定耗气量。

2）查看燃气表铭牌额定输出量。

3）对比燃气表的额定输出量和产品的额定耗气量，额定输出量大于额定耗气量时满足要求，小于或等于时要提醒用户更换燃气表。

第二节　燃气、水路连接

一、供热水、供暖两用型燃气快速热水器水路接口的安装技术要求

单暖型燃气快速热水器有两个水路接口（一个出水口和一个回水口），两用

型燃气快速热水器有四个水路接口（供暖和洗浴出水口各一个，供暖回水口及洗浴进水口各一个），按现行的行业通用做法，接口均为外螺纹接口，而且每个接口对应机身位置上都标注有接口的名称，极易识别。接口的通用大小是，供暖出水和回水口的规格为G¾；洗浴进、出水接口的规格一般为G½，个别机型是G¾；燃气接口的规格有G½也有G¾，厂家一般根据热负荷的大小而定，一般只有18kW及以下的小功率机器才选配G½。

二、供暖回路系统主要附件的工作原理及安装技术要求

供暖回路系统的主要附件包括膨胀罐、外置水泵、去耦罐、温控阀、分集水器、自动排气阀等。下面就其工作原理及安装要求作详细介绍。

1. 膨胀罐

供暖回路系统中水的体积会随着温度上升而增大，如果水路有气泡，气泡也会随着温度上升体积膨胀，供暖系统压力将不断升高。通常，两用型热水器内设的膨胀水箱可提供加热膨胀所需的空间。但是，如果供暖系统中水加热膨胀增大的体积超过膨胀水箱的最大空间，供暖系统内的水压就会升高，当水压升高超过供暖系统最大额度工作压力(0.3MPa)时，两用型热水器内设的安全阀就会自动泄压（泄水）。在此情况下，应该在供暖面积较大的系统管道中增设一个膨胀罐。膨胀罐的外观如图5-14所示。

图5-14　膨胀罐的外观

（1）膨胀罐的工作原理　当外界高压水进入膨胀罐气囊内时，密封在罐内的氮气被压缩，根据波义耳气体定律，气体受到压缩后体积变小，压力升高，直到膨胀罐内气体压力与水的压力达到一致时停止进水。当水发生流失使压力降低时，膨胀罐内气体压力仍大于水的压力，此时气体膨胀将气囊内的水挤出补到系统。

（2）膨胀罐的安装

1）膨胀罐一般安装在供暖系统水温相对较低的地方，如供暖回水端、储热水箱冷水入水端。

2）在供暖闭式循环系统上，不能将膨胀罐安装在水泵的出水口，以避免造成水泵气蚀产生。

3）膨胀罐可水平或垂直安装，对于容积超过12L的膨胀罐需要使用支撑架。

4）膨胀罐与管道之间需使用自闭式截止阀连接，以便于检测与维护。

2. 外置水泵

当自来水压力不足或低于供暖系统注水压力时，一般应采用增压泵增压。如果为了克服供暖系统阻力，增加供暖系统循环动力，则应选择循环水泵。当机内循环水泵扬程小于供暖系统阻力时，宜使用去耦罐或混水装置的二次侧供暖方案，一般不宜直接加装外置循环水泵。

（1）水泵的选型　水泵所提供的压力要大于供暖系统的总压力损失，同时，还要考虑水流量的影响。水流量越大，水泵所提供的有用压力越小，反之，压力越大，当水流量为零时，压力为最大值。

1）增压泵的选择除了考虑水泵口径与管道口径一致外，还要考虑功率和扬程是否能真正实现了增压和稳压，还要考虑使用的方便性。

2）外置循环水泵选型时要根据设计流量（额定流量），并按照允许的管段流速要求，在克服系统总阻力损失并满足额定流量要求条件下的性能参数来选择水泵。

3）外置循环水泵选型时应考虑与供暖炉内水泵的匹配性。

（2）水泵安装位置的选择

1）增压泵一般安装在家用水表的后面，即水表出来后就可以安装水泵，也可以安装在供暖两用型热水器的进水口前面。

2）对于外置循环水泵，一般应安装在水路水温较低的地方。

① 对于暖气片式采暖系统，外置循环水泵一般安装在采暖回水管路上。

② 对于地暖式采暖系统，外置循环水泵适宜安装在分集水器的回水段。

③ 对于多个区域采暖系统，每个区域宜安装一个循环水泵进行独立循环工作。

（3）水泵的安装

1）安装增压泵：

① 选择在洗浴进水口下方合适位置的墙面上安装增压泵，可直接将增压泵用螺栓固定在墙面上。

② 拆下冷水阀门与洗浴进水口的连接短管，用金属软管或铝塑管将水泵出水口连接到洗浴进水口。

③ 将水泵进水口连接到水管阀门上。对选用非自动增压水泵的，需在自来水管阀门和增压泵进水口间安装一个水泵外置水压开关，注意认准水压开关的箭头指示方向并按说明书接线。

2）安装外置循环水泵：

① 选定安装位置并安装循环水泵，其连接及固定与安装增压泵的方法相同。

② 在改造的散热器供暖回路上直接串接循环水泵时，串接循环水泵应与内置水泵同步运行。

③ 在自动温控的二次侧回路系统的主管或分集水器上安装循环泵时，应在循环泵两端搭接压差旁通阀，以保证二次侧回路系统具有最小安全流量。

3. 去耦罐

去耦罐也叫作耦合罐，是指在热水供暖系统中，因各回路之间存在水力耦合，当某一条支路或用户的流量发生变化时，其余支路或用户的流量及供暖系统的流量都将受到影响，从而各个循环回路的水力失去平衡。

（1）去耦罐的功用　当用户使用温控阀调节每个房间的温度时，会引起供暖系统中流量和压力的变化，去耦罐可以平衡两用型热水器和供暖系统的压力，避免对两用型热水器系统流量产生影响。另外，去耦罐的应用还可避免两用型热水器频繁启动造成资源浪费，可有效保证两用型热水器的安全性，提高使用效率。为便于各支路的管理与调节，当某一条支路不工作时，可以关闭该支路的循环水泵，有益于节约能源。去耦罐的外观如图5-15所示。

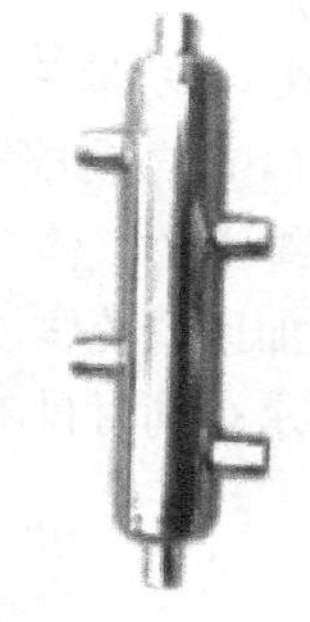

图5-15　去耦罐的外观

（2）去耦罐的安装　去耦罐安装时应注意以下两点：

1）去耦罐应竖向安装。

2）在与系统连接时，温度高的管道（如供水管）接在上部，温度低的管道（如回水管）接在下部。去耦罐上部安装自动排气阀，下部安装排污阀。去耦罐与系统管路应采取保温措施。

4. 温控阀

使用散热器温控阀的优越性在于可以对各个房间的供暖温度进行单独调节，同时可以自动调节降低散热器的散热量。这样既保证了房间的舒适性，又降低了供暖能耗。

（1）温控阀的功用　温控阀由阀体及安装在阀体上的温控头组成，温控阀的外观如图5-16所示。温控阀用于根据室温和设定值自动调节流过散热器的热水流量，以便控制散热器的散热量。它的工作原理是，当室温发生变化时，温控头温包中的压力在热胀冷缩原理的作用下发生变化，进而推动阀杆并带动阀芯运动，改变阀的开度。

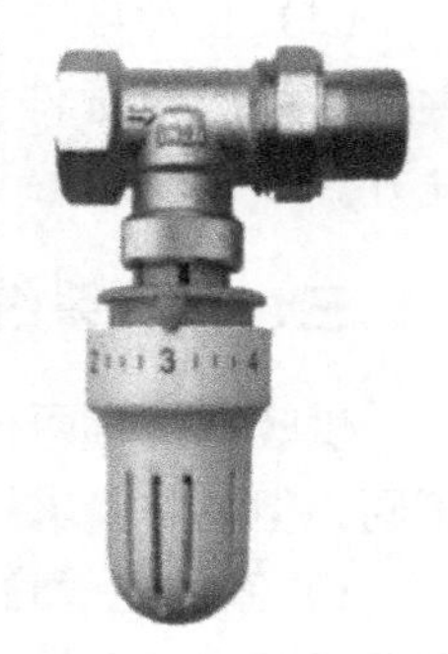

图5-16　温控阀的外观

（2）温控阀的安装　温控阀安装在散热器入口处。要注意，温控阀的头部不应被遮挡，以免影响其感应室内温度。当温控阀安装位置被家装遮挡（如被散热器罩、窗台板等遮挡）时，则可选用外置温包型温控阀，外置温包可以与阀体分离安装在无遮挡的位置。

注意：在安装有两用型热水器室内温控器的房间，不要安装温控阀。

5. 分集水器

（1）分集水器的功用　在供暖水管路中，分水器是用于分配各支路热水的装置，集水器是用于集合各支路回水的装置。分水器和集水器通常配套使用，合称为分集水器，如图 5-17 所示。分集水器分为手动和自动两种。

（2）分集水器的安装　一般情况下，分集水器安装在热水器下方的墙边，位置要求易于操作，便于排污，因为出水和排水各有一个，两者需要错开一定的距离，便于同一路出水管和回水管匹配对应，注意高度应接近地面，避免被撞击错位。

6. 自动排气阀

（1）自动排气阀的功用　自动排气阀俗称“跑风”，它的作用是排除供暖回路系统中的气体。供暖回路系统中如果集有气体，则会造成流动噪声、散热器不热、加速系统腐蚀等一系列问题。因此供暖系统排气至关重要，而且在排气时不能有水被同时排除。自动排气阀如图 5-18 所示。

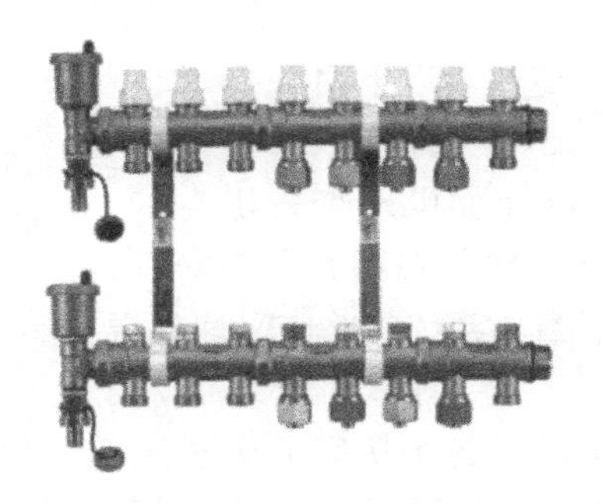

图 5-17　分集水器

图 5-18　自动排气阀

（2）自动排气阀的安装　在供暖回路系统中，自动排气阀一般安装在高于供暖回路中的管件与附件（如散热器、分集水器）的地方和其他容易集气的地方。

三、供暖系统安装及系统布置要求

供暖系统有两种类型：散热片系统和地暖系统，两者的安装方式和布局要求不同，但基本要求一致。供暖系统安装的基本要求如下：

1）系统主管道的尺寸（通过面积）应大于或等于供热水、供暖两用型热水器的供暖出水管尺寸。

2）供暖系统必须安装排气阀和排水阀。

3）采暖系统回水管路上应安装过滤器（Y 型过滤器）。

4）系统管道安装完毕后，要进行冲洗清污操作。

5）系统在正式投入供暖运行前或水压过低时，要进行补水和排空操作。

6）在两用型热水器供暖水进出口、冷水进口、外置循环水泵前后接口、去

耦罐接口等处应设置相应的阀门。

四、供暖系统回路的耐压和密封性检测及供暖运行参数设定

1. 供暖系统回路的密封性检测

（1）密封性检测的基本要求

1）供暖系统管道水压检测的目的是检查水管路系统的机械强度和密封性能。

2）供暖系统管道水压检测应在供暖系统管道安装完毕，预埋管件保温、覆盖前进行。

3）供暖系统管道水压检测可分段进行，也可整个系统同时进行。

（2）供暖系统回路密封性测试方法　供暖系统管道水压检测具体操作方法如下：

1）水压检测应用清洁的水作介质，采用手压泵或电泵向管道内注水，注水时应打开进水阀和管道高处的排气阀进行排气，待水注满后，关闭进水阀和排气阀。

2）水压检测加压时，压力应逐渐升高。加压到一定数值时，应停下来对管道进行检查，无问题时再继续加压，一般应分2～3次使压力逐步升至试验压力。

3）供暖系统管道试验压力为0.6MPa，稳压时间为60min，若压降不大于0.05MPa且管道各连接处不渗漏则为合格。

4）在水压检测过程中，应注意检查螺纹接头、焊缝和阀门等处有无渗透和损坏现象。当发现系统管道泄漏时，若为连接件处泄漏，应泄压更换密封，重新紧固；地暖管有泄漏的，不允许修补，应整根更换。修复后重新进行水压检测，直到合格为止。

5）供暖系统管道水压检测时，应将两用型热水器隔离，防止两用型热水器内安全阀开启泄压并损坏两用型热水器内的零部件。

2. 供暖运行参数设置

（1）供热水、供暖两用型热水器的供暖运行参数设置　找到操作面板上的“设置”键，进入“设置”菜单，找到“采暖回差温度设定”“升温保护”“温度变化保护”“温度变化保护时间”等或采用代码表示的设置项（有的是文字说明表示，但一般是代码表示），然后按选择键（“+”“-”）来设置和按“确认键”来完成设定。

由于各个厂家不同，用户界面千差万别，设置方法一切以产品使用说明书为准。

（2）供暖系统的供暖运行参数设置　供暖系统的供暖运行参数设置是通过两用型热水器的室内温控器、安装在供暖管路上的温控阀以及供暖管路（含分集水器）上的手动阀来调节的。在采暖系统运行调试检查时，宜将供暖参数设置到最大和最小测试检查，在常态运行时应根据平衡节能和舒适性原则来设置采暖温度和运行时间。

五、技能操作

1. 供热水、供暖两用型热水器供暖回水、出水口及洗浴进出水口的管路连接

1）根据两用型热水器接口标识，认准供暖回水口、出水口和洗浴进、出水口。

2）根据接口规格选定各匹配的水路连接管，并做好标记。

3）用选好的连接管将采暖回水管阀门与供暖回水口连接，供暖水管阀门与供暖出水口连接，自来水阀门与洗浴进水口连接，洗浴供水管路阀门与洗浴出水口连接。

连接顺序应以个人习惯为准，没有特定要求。连接方法按“螺纹连接”规定执行。

2. 供暖系统主要附件及其安装位置的识别与安装

1）根据实物说出供暖系统各附件的名称并从安装图样中确定其安装位置；或根据安装图样的标识、符号等数据准确找出待安装的附件。

2）根据图样方位尺寸，将待装附件准备就位。

3）根据附件类型及其安装技术规范，进行安装固定。

4）连接附件与管路。

3. 供暖系统回路耐压和密封性检测及调节运行参数

（1）供暖系统回路耐压和密封性检测

1）检查供暖管理是否安装与连接完毕，安装的规范性和用材是否准确，发现问题后应进行纠正。

2）检查安装无误后，往采暖回路注满水。注水方法是打开采暖末端的排气阀，从机内的补水阀向管路注水，直至排气阀水满溢出为止。注满水后关闭排气阀和注水阀。

3）切断与热水器连接的阀门，进行回路耐压和密封性测试。在水压检测过程中，应注意检查螺纹接头、焊缝和阀门等处有无渗透和损坏现象。当存在系统管道泄漏现象时，若为连接件处泄漏，应泄压更换密封，重新紧固；若地暖管泄漏，不允许修补，应整根更换。修复后重新进行水压检测，直到合格为止。

（2）调节运行参数

1）先设置供热水、供暖两用型热水器的运行参数。

2）设置供热水、供暖两用型热水器的室内温控器。

3）设置散热器前端的温控阀。

4）设置采暖回路或地暖分水器上的手动调节阀。

第三节　热水器调试

一、供热水、供暖两用型热水器及供暖系统的调试

（一）供热水、供暖两用型热水器的调试

1. 调试准备

调试人员应阅读使用说明书，并检查燃气供气压力，以供气压力在 $0.75p_n$ ~ $1.5p_n$ 范围内为宜，当压力不符合要求时应通知燃气公司进行处理。

2. 点火调试

将两用型热水器设在供暖水温最高状态下，启动两用型热水器，目测检查点火工况。

注意：对于全预混冷凝两用型热水器，应在关闭燃气阀门的状态下待开启自检无故障后方可实行初次点火。

3. 燃烧工况的调试

点火成功后，分别切入测试模式中的额定最大负荷燃烧状态和额定最小负荷燃烧状态，观察火焰变化过程和火焰状态，若无异常则说明燃烧工况正常。

4. 出水温度调节

将供暖和生活热水温度分别设置于最低温度、中点温度、最高温度，从低温逐渐转向高温，使用数字式温度计的热电偶探头紧贴在出水金属接头上分别测试其温度，并比对温度是否符合规定。

（二）供暖系统的调试

1. 供暖系统运行前的注水和排空

供暖系统在运行前，必须向供暖回路系统中注满干净的循环水和彻底排空，如果供暖循环水路中集有气体，则会造成流动噪声、散热器不热、加速系统腐蚀等一系列问题。因此，供暖系统注水排气至关重要，下面讲述向供暖回路系统注水和排空的具体方法。

1）补水准备。全部打开供暖系统管道上的排气阀及两用型热水器上的自动排气阀，单暖型热水器要将补水阀门接到自来水管上。

2）打开自来水阀门及补水阀门，开始对供暖系统注水。注水过程必须缓慢进行，否则自动排气阀排量过载，排不尽水路系统中的空气，系统运行时空气被加热，有可能导致系统压力剧烈上升、水泵干烧等情况。

3）在注水时，为了将系统中的空气排尽，可反复启动循环水泵（接通电源，开启水路，按“复位”键即可启动循环水泵，但气路必须关闭）。

4）在注水过程中必须将每组散热器的放气阀拧松排气，直到有水流出为止（如果在供暖过程中发现散热器不热，可将放气阀拧松排气，直到确认水路中无空气为止）。

5）注水时应保证系统的压力为0.1～0.15MPa。

6）注水完毕后检查并确保系统无漏水，使燃气阀门处于关闭状态，然后开机让水泵循环排气，将气体全部排出后方可打开燃气阀门使其工作。

7）注水完成后必须关闭补水阀（顺时针旋转手柄为关闭），确保补水阀为关闭状态，以防止自来水给水压力意外增大而导致膨胀水箱爆裂漏水。

2. 供暖系统运行调试和供暖温度调试

供暖系统运行调试和供暖温度调试必须在供暖或两用型热水器调试完毕和处于额定运行状态下进行。

（1）供暖系统水/热力平衡调节

1）对于采用散热器为末端的供暖系统，其水/热力平衡可通过调节散热器进水端温控阀的开度来调节，调节的原则是确保环路上最不利的散热器热力正常，已达到散热器整体平衡。

2）对于使用分集水器作为支路连接的地暖系统，可通过调节分水器各支路接头的调节阀来平衡各支路的流速，以达到区域采暖的平衡。

3）当系统为二次侧供暖系统时，除通过支路阻力调节平衡系统外，还可通过调节循环水泵功率（转速）来实现系统流量平衡。

（2）供暖系统供暖温度调节

1）使用散热器的温控阀对供暖温度进行单独调节。温控阀上面通常以数字来表示温度的高低，数字1代表温度最低，数字5代表温度最高。有些温控阀并不是用数字来标注的，可能是图标，比如太阳和雪花，太阳代表温度最高，雪花表示供暖系统关闭，可根据温度需要按照标示旋转即可。

2）使用地暖分立的温控阀对单独房间的温度调节。

3）对于装有WIFI温度控制系统的，可以利用手机APP通过WIFI温度控制系统调节室内温度。具体操作步骤如下：

① 手机WIFI配置完成后，接到并进入主界面，可分别单击“进入我的房间”和“控制我的燃气两用型热水器”，进入房间温度控制界面和两用型热水器控制界面。

② 单击左右方向键，可调节当前模式下的房间目标温度，也可拖动温度条进行调节；单击“舒适模式”或“节能模式”或“外出模式”图标，即可选择当前供暖模式，其中“外出模式”默认房间目标温度为5℃。

③ 对于两用型热水器控制，单击相应的模式图标，选择当前两用型热水器工作模式，“允许供暖”表示允许两用型热水器根据供暖需求进行供暖。

二、两用型热水器燃气一次压力和二次压力的检测

一次压力是指燃气管网到热水器燃气阀之前的压力；二次压力是指燃气阀到燃烧室的工作压力。将二次压力调节到合适的值，可以把热水器燃烧器调整到最佳的工作状态，防止燃烧室内燃烧不充分、爆燃或无法点燃。

1. 两用型热水器燃气一次压力的检测

两用型热水器燃气一次压力可用微压计来检测。

检测时，先关闭燃气管道阀门，拧下燃气比例阀进气端的测压口螺钉，用橡胶管连接比例阀测压口和微压计，并开启微压计预热 5～15min 后测量。打开燃气阀门，此时微压计稳定显示的测量数值则为燃气一次压力。测量完毕后，再次关闭燃气阀门，拧好测压口螺钉。再次打开燃气阀门，用肥皂水检查测压口的气密性，最后关闭燃气阀门。

2. 两用型热水器燃气二次压力的检测

燃气二次压力可以选择使用微压计和 U 形压力计两种测量工具来测量，使用微压计测量的方法和上述测量一次压力的方法相同，下面介绍使用 U 形压力计测试两用型热水器燃气二次压力的方法和步骤。

1）关闭燃气管道阀门，将燃气比例阀二次压力测口螺钉拧开。

2）用橡胶管将二次测压口与 U 形压力计的一个支管连接，另一个支管开口通大气。

3）打开燃气管道阀门并启动热水器，读取 U 形管两边产生的水面高度差，其表示了燃气二次压力的大小。

4）测量完毕，关闭燃气阀门，拧紧二次测压口螺钉。

5）再次开启燃气阀门和启动热水器，用肥皂水检查燃气比例阀二次压力测压口的气密性。

三、外部电源及内部电路供电检查

1. 电源的输入检测

保证外部电源供电稳定、正常是确保两用型热水器正常工作和安全运行的先决条件，因此应对外部输入电源进行检测，确保电源负荷、电压、接地等要素满足两用型热水器的供电要求。检测内容及纠正措施如下：

1）用万用表检测供电电压是否符合两用型热水器铭牌标示的要求。家用供热水、供暖用型热水器使用的都是 220V ± 22V、50Hz 单相交流电源，当检测到长期供电电压超过 AC 242V 时，宜安装电源调压器。

2）检查电源插座。检查插座是否使用专用三孔电源插座，检查插座的负载能力、供电导线载荷面积（截面应不小于 $3\times0.75mm^2$）、是否良好接地、接线的准确性以及电源插座的位置是否处于不会产生触电危险的安全位置等。

2. 内部电路供电电压检查

内部电路供电状况的检查，主要检查项目是测量各部件的输入电压以判断是否满足正常运行的条件，重点是测试部件的工作输入电压、驱动电路的输出电压。

我们可以从说明书的电气图中了解部件的电气指标，从实际电路和接线中找到合适的测量点，然后使用万用表逐个部件进行测量，测量数据与说明书中规定的参数出入较大时要重复测量并加以确认。对于强电部位的电压测量，由于是在带电工作状态下进行的，因此要做好保护措施。

常规的检测项目及参考值如下：

1）热水器供电电源的输入线及连接端子相电压为 AC 220V。

2）变压器输入电压为 AC 220V，输出电压为 DC 12V、DC 24V。

3）控制器电源输入电压为 AC 220V，直流驱动输出电压为 DC 12V、DC 24V。

4）循环水泵驱动电压，交流驱动时为 AC 220V，直流驱动时为 DC 24V、DC 36V。

5）风机驱动电压，交流驱动时为 AC 220V，直流驱动时为 DC 24V。

6）交流脉冲点火器的输入电压为 AC 220V，直流脉冲点火器的输入电压为 DC 12V、DC 24V。

四、冷凝式热水器的结构原理

冷凝式热水器是一种节能高效的环保型热水器，它有两个换热器，较普通燃气热水器多一个冷凝换热器（又称为潜热换热器、冷凝水箱等）。其结构如图 5-19 所示。

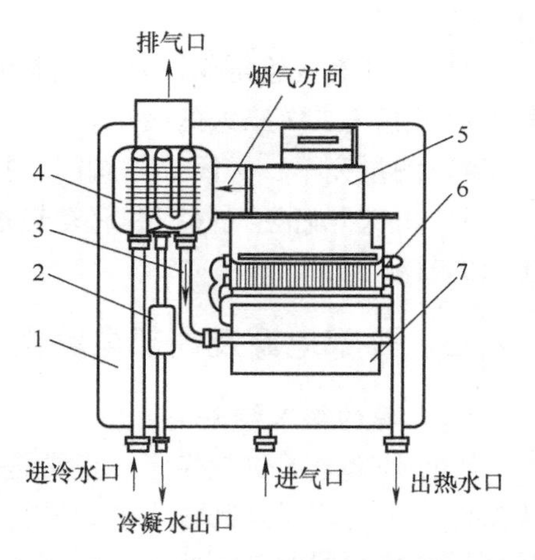

图 5-19　冷凝式热水器的结构

1—热水器本体　2—冷凝水处理装置　3—冷凝换热器出水　4—冷凝换热器　5—风机　6—显热换热器　7—水箱

工作时，高温烟气由下至上先经过主换热器再到冷凝换热器；而水的流向正好相反，先经过冷凝换热器再到主换热器。在冷凝换热器中，水流方向与烟气方向相反，先经过冷凝换热器，再到主换热器。

在冷凝换热器内，烟气余热（潜热）被冷水吸收形成低温烟气从烟道排走，冷凝水从冷凝换热器下部出口流进冷凝水处

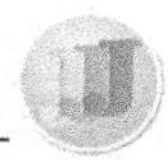

理器与收集器内。

五、冷凝水的收集及排放要求

冷凝水处理器与收集器是收集冷凝换热器下排冷凝水的容器，它们安装在冷凝式热水器的下部，如图5-19所示。为防止烟气从冷凝水处理器的排水口逸出，在冷凝水收集器的内部设置了水封槽，因此在新装热水器时或热水器长时间停用致使水槽内的水风干后，需要从冷凝换热器的排气口往下注水，注入的水填满水封槽后，多余的水从冷凝水出口排出。

由于燃气燃烧后的烟气中含有酸性有害气体成分，因此冷凝水具有一定的酸性和含有一些有害成分，根据使用安全和卫生规定，冷凝水不能直接排放到人群容易接触的地方或生活用具上，应通过具有防腐性能的不锈钢或塑料管排入下水道或地漏中。

六、技能操作

1. 供暖系统注水、排空及水压测量，供暖温度调节及热水器供暖工况检查

（1）供暖系统注水、排空及水压测量

1）打开供暖管路上的全部排气阀及机器上的补水阀，关闭燃气管道阀门，接通供电电源。

2）打开自来水阀门缓慢向供暖系统注水。

3）注水过程中，反复观察机载的压力表，保证系统的压力为0.1～0.15MPa，可反复按“复位”键启动循环水泵加速水路循环排空，观察每组散热器打开的放气阀直到有水流出时停止注水。

4）注水完毕后，关闭补水阀和供暖管路上的手动排气阀，检查并确保系统无漏水，检查水压表有无压力异常。

5）继续开机循环排气，直至气体全部排出后方可打开燃气阀门使其工作。

（2）供暖系统温度调节　首先是调试好整个供暖系统的热力平衡，其次是利用管路上、采暖空间里分布安装的各种温控阀、温控器来调节各个采暖空间的温度。

1）对于散热器系统，通过调节散热器前端的温控阀来调节采暖温度。

2）对于低温地暖系统，通过安装在各房间的室内温控器来调节采暖温度。

3）对于装有WIFI温度控制系统的，通过APP调节室内温度。

（3）热水器供暖工况的检查

1）检查燃气供气压力是否在$0.75p_n$～$1.5p_n$范围内。

2）检查点火工况。

3）检查大、中、小负荷下的燃烧工况。

4）检查低、中、高温三态设置下的供暖和生活热水的出水温度是否符合产

品规定。

2. 使用微压计测量燃气阀前一次压力和燃气阀后二次压力

（1）测量燃气阀前一次压力

1）关闭燃气管道阀门，拧下燃气阀进气端的一次压力测压口螺钉。

2）用橡胶管连接微压计和测压口，开启微压计预热5~15min后读取测量值并做好测量记录。

3）关闭燃气管道阀门，拧好测压口螺钉并用肥皂水检查测压口的气密性。

（2）测量燃气阀后二次压力　测量二次压力的操作步骤和测量一次压力的操作步骤相同，唯一差别是测压口的不同，此处不重复介绍。

3. 使用万用表测量两用型热水器强电部分电压及变压器的输出电压

1）检查万用表完好性和测量精度的符合性，准确插好测量表笔。

2）选定测量“~V”档（数字式）及合适的量程（指针式）。

3）准确辨认各部件强电部位的电压测量点。

4）使用万用表逐个部件测量并做好测量记录，对偏差大的测量点要重复测量一两次，避免测量误差。

5）进行测量数据的分析和评判。

4. 向冷凝式热水器冷凝水收集装置水封槽注水

1）将烟管从热水器顶部卸下。

2）用器皿盛水从烟道的排烟口往冷凝水收集装置内注入适量的水，直至冷凝水排水管有水流出为止，表明注水操作完成。

3）连接排烟管并做好封装。

第四节　附属设施安装

一、热水器遥控器及线控器的安装技术要求

遥控器及线控器的使用，实现了热水器的长距离调节，极大方便了消费者的使用。

1. 热水器无线遥控器

由于红外遥控器不能穿越墙壁，因此热水器配备的是无线遥控器。无线遥控器是利用无线电信号对远方的热水器进行控制的遥控设备。

热水器控制板的基本操作功能在无线遥控器上都具备，由于遥控器和热水器上接收机是一一对应的，可直接使用，不需要特别安装和耦合调节。遥控器使用一段时间后，发现灵敏度变差时，要及时更换电池。

2. 热水器线控器的安装

热水器线控器在室外机型上使用比较多，主要是考虑到热水器安装在室外，尤其是家庭成员出入较少的区域，机载操控不方便。热水器线控器是安装在墙体上用于控制热水器的盒子，通常通过按键或接收遥控信号的方式对热水器进行控制。

热水器线控器通常安装在便于操控热水器的地方，一般采用挂墙安装，线控器的控制线可以暗装也可以明装。安装时一定要注意以下几点：

1）切勿将线控器安装在潮湿、太阳直射、儿童容易触摸的地方。

2）切勿用湿手操作线控器。

3）切勿经常拆解线控器。

3. 两用型热水器室内温控器的安装

（1）室内温控器的种类　室内温控器包括温度传感器与温度设定装置，用于室内温度的检测和设定。目前几乎所有的两用型热水器控制器均配有外接室内温控器的接口。

室内温控器分为两大类：一类为普通型，只包括一个温度传感器（一般为热电阻温度传感器或气压式温度开关）和一个设定装置；另一类是带有程序设定功能的室内无线温控器，它可对一天（甚至是一周）中不同时刻的室温进行编程设定。无论哪一种室内温控器，其控制目的都是：当室内温度达到设定值时两用型热水器燃烧器停止运行。

（2）室内温控器的工作原理　在普通型温控器上设定一个控制温度，例如20℃，当室温达到20℃时两用型热水器停止运行。此时，由于采暖系统的热惯性作用，室温继续攀升至略高于设定值后回落，回落至19℃时两用型热水器重新启动，重启后同样由于热惯性室温会继续保持略低于19℃。这样通过控制两用型热水器的启停来控制室温。

使用可编程式室内温控器可对一天24h的采暖方式进行编程，以及对一周7天的采暖方式进行设定。在温控器中可以预先定义两种采暖模式的室温——“舒适模式”与“节能模式”。例如，可以把舒适模式的室内温度设定为20℃；节能模式的室温设定为16℃。在温控器中可以根据人们的起居习惯设定一天中不同时段的采暖模式。

使用室内温控器的控制系统与简单恒定供水温度的控制系统相比，可以大大降低采暖能耗。但它也有一定局限性。首先，只有当室温发生变化后，室内温控器检测到这一变化，才能对燃气采暖两用型热水器发出控制指令。另外，一个两用型热水器控制器只能接收一个室内温控器的信号，因此在有多个采暖房间的情况下，室内温控器应安装在人员经常活动的房间（如客厅）中。

（3）室内温控器的安装　室内温控器应安装在室内温度稳定的区域，可安装在距离地面1.2～1.5m空气流通良好的墙壁上，无线型温控器可将温控器主机安装在室内温度稳定的区域，使用遥控器操作。

室内温控器不应安装在门窗附近和散热器、太阳光直射等热辐射较强的地方，以及儿童可能触及的地方。

二、WIFI 功能温控器的安装与使用

1. WIFI 功能温控器

由于 WIFI 的辐射半径可达 100m，因此安装了具有 WIFI 功能的采暖系统，可实现网络远程控温和采暖系统远程监控和管理。

WIFI 功能温控器实际上是一整套无线局域网控温系统，包括 WIFI 路由器、WIFI 功能的房间温控器、手机 APP 等。其系统组成如图 5-20 所示。

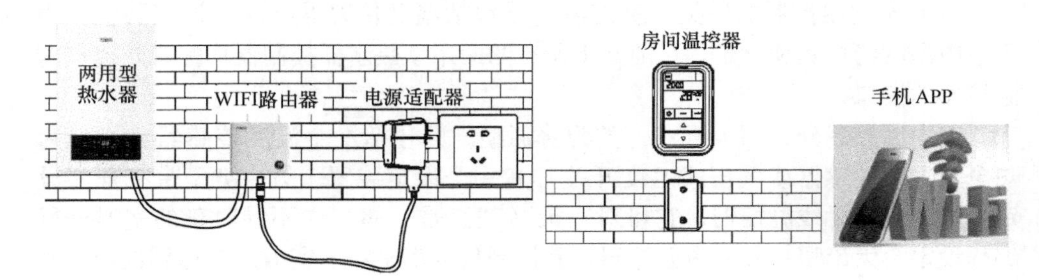

图 5-20　家庭供暖系统 WIFI 温度控制装置

2. 温控器的安装和使用

（1）硬件连接和软件下载注册　将 WIFI 接收器（路由器）的 I/O 口与两用型热水器预留的室内温控器端口相连接，WIFI 接收器接通电源；WIFI 房间温控器安装在墙上，尽量避免靠近热源或受到太阳辐射，安装高度距离地面约 1.5m；用手机下载 APP 并注册用户账号。

（2）设备激活　登录用户账号，注册和激活 WIFI 接收器。激活成功后，将设备与账号绑定，同一账号可供多部手机同时使用。

（3）WIFI 配置　WIFI 接收器激活后，APP 自动跳到 WIFI 配置界面，用户可按配置指南进行操作配置。配置成功后，WIFI 接收器红色指示灯常亮，同时绿色指示灯不断闪烁。

（4）房间温控器对码　WIFI 接收器配置完成后，房间温控器需要与 WIFI 接收器进行对码方可正常使用。按对码指南进行对码。

三、热水器 CO 报警器的工作原理和使用方法

CO 报警器分别有便携式和固定式两种，其工作原理基本相同，家庭供暖系统通常使用固定式 CO 报警器。

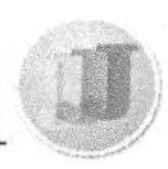

1. CO报警器的工作原理

CO报警器采用CO传感器将空气中CO的浓度信号转换成微弱的电流或电压信号，再经过一级或两级信号放大，传送给单片机进行信号比较与处理，超过预定的阈值后单片机就会发出声光报警信号，用于驱动LED灯、喇叭或蜂鸣器，同时在显示屏上显示相应的状态。

2. CO报警器的安装与使用

由于CO密度比空气密度小，固定式CO报警器应安装在泄漏点的上方，距离泄漏点1m左右的位置，且保证报警器的声光警示能保证室内人员容易听到和看到。

以下地方不适合安装CO报警器，即

1）通风良好的地方，如排风扇、门窗口附近。

2）橱柜里面或者接近地板靠下的地方。

3）蒸汽和油烟排放口处，容易阻塞气体传感器的地方。

4）易被撞击或移动的地方。

5）儿童可以碰触到的地方。

CO报警器不用设置插电即用，最好的办法是与热水器联动，同步工作。此外，一定要认识到CO感应头的最长寿命为5年，而且受潮湿、油烟环境影响漂移较大，需要定期更换感应头，更不能因为安装了报警器而感到一劳永逸，麻痹大意，最终酿成严重后果。

四、热水器对工作水压的要求及压力调节方法

1. 热水器对工作水压的要求

在《家用燃气快速热水器》（GB 6932—2015）中，对适应水压没有强制性的规定，需要根据热水器铭牌标识的正常工作时的最大和最小供水相对静压值来确定。

热水器的适用水压一般为0.03～1MPa，额定压力通常要求为0.05～0.6MPa。

2. 热水器工作水压过低的处置方法

发现和检测到热水器工作压力过低时，首先要检查供水管路是否有堵塞、阀门开度不够、供水管径过小等情况，然后了解一下供水方式和用水情况等信息，进而考虑能不能从改善管路上得到提升。若经过综合判断都没有效果，最好的解决方式就是在热水器的进水前端安装自动压力增压泵。

3. 热水器工作水压过高的处置方法

从我国城市供水的情况来看，供水压力超出热水器耐压程度的情况几乎没有，当然也会有山区低洼居民水压特别大的情况。虽然在水压偏高且未超出热水

器最大耐压值下，热水器不会发生损坏，但是这种情况下容易出现超调（水量过大，温度偏低）现象，这将影响热水器使用的舒适性。

一般讲，进水压力在0.05～0.6MPa范围热水器的适应性和调节能力都比较好。当进水压力高于最大工作压力上限时，需要在热水器进水管道上加装水压减压阀。当水压偏大时，为减轻热水器高温超调现象，可以通过关小热水器进水或出水阀门的方式来处置。

五、热水器对燃气压力的要求及燃气压力调节方法

根据国家城市燃气分类的具体规定，不同气种的供气压力是有相应标准和规定的。但是，在具体的输配气现实中，确实存在供气压力偏差超常的情况，而且这种现状在现时的市场环境条件下短期内不会发生改变，作为下游产品的使用者，只能适应这种情况。

使用不同气种的热水器，其适应燃气压力的能力是有限的，也就是只能在其额定压力附近范围适应。根据《家用燃气快速热水器》（GB 6932—2015）的规定，热水器工作的额定燃气压力为：液化石油气为2800Pa，天然气（10T、12T）为2000Pa，人工煤气为1000Pa。

热水器工作的耐受燃气压力范围为$0.75p_n$～$1.5p_n$。低于$0.75p_n$的管道气，需要通知燃气公司升压处置，属于家用瓶装液化气的则换减压阀减少用气终端；高于$1.5p_n$的管道气，应在热水器进气管道加装燃气调压阀。燃气调压阀俗称减压阀，是通过自动改变流经调节阀的燃气流量，使出口燃气保持为规定压力的设备。调压器是燃气管路上的一种特殊阀门，无论气体的流量和上游压力如何变化，都能使下游压力保持稳定。

六、技能操作

1. 遥控器或线控器与主机联接并确认各控制键操作正常

以无线遥控器直接遥控主机的系统为例，讲述确认联机和遥控功能正常的操作。

1）将安装好的遥控器电源开关打开，操作遥控器各按键，确认电力、按键和信号均处于正常状态。

2）主机通电后，主机上的遥控接收机将自动生效。

3）逐个操作遥控器上的各功能键，如果能听到主机蜂鸣器有对应的提示声，说明遥控器与主机联接成功。如果主机运行一一跟随响应和对应于遥控器的按键功能，说明遥控操作正常。

2. 改装延长连接线控器

当随机配置的线控器信号线长度不够或改装线控器安装位置时，需进行延长

连接线的改装工作。延长连接线的方法有两种：一种是直接更换一条适合长度的线控钱，另一种是加长线控线。下面讲述加长线控线改装线控器的办法和步骤。

1）预测延长距离，购买与原线型一致的线控线（一般为20～22A WG铜芯线）和接线帽若干。

2）将线控器拆下，卸下连接线（有的带接线端子），并移位到改装位置上。对于原线控线与线控器连接的端子在市场上购买不到时，可以在距离端子10cm的位置将原线控线剪断，从中间部位接线延长，但尽量避免这种情况。

3）将新连接线末端剥去7mm外皮，并与旧线控线分别绞接（不分正负），套上接线帽并夹紧，埋入线槽或线管中。采用同样方法将加长的线控线连接到移位的线控器上，安装结束。

4）测试验收并整理现场。

3. 安装WIFI路由器及控制终端

以家庭局域网为例，介绍安装WIFI路由器及控制终端（房间温控器），如果需要与互联网建立远程服务，则可以开通宽带业务。

1）选择一个有利于WIFI信号发送和接收的位置作为安装位置，一般选择分散安装的控制终端的中间位置较为合适，尽量回避选择靠近房屋结构梁、柱的位置安装。

2）将WIFI路由器安装在离地1.5m以上的墙面上，注意在安装位置附近要安装WIFI路由器电源插座。

3）将WIFI路由器I/O接线连接到热水器控制器的WIFI接口，插上电源。

4）打开热水器，设置与WIFI路由器建立通信业务。

5）安装各房间的WIFI控制终端或手机APP（使用手机作为控制终端），并在控制终端界面上建立设备与WIFI路由器的桥接。

6）联调手机、控制终端、WIFI路由器和热水器，测试控制终端的操作效果。由于房间结构对WIFI的影响较大，测试过程中可能会遇到控制终端接收、发射信号受阻的情况，此时将控制终端移动到WIFI信号较强的地方即可。房间特别复杂时，需要增加WIFI放大器。

4. 安装热水器CO报警器并确认工作正常

1）根据热水器的安装位置和周围环境条件，选定合适的报警器安装位置。

2）安装固定报警器。

3）断开热水器的电源，将报警器电源连接线连接到热水器上，保证热水器与报警器联动。

4）接通电源，观察报警器指示灯，对比说明书，以确定报警器处于正常工作状态。

5. 根据用户水压情况加装增压泵或水压减压阀

当用户的自来水水压高于热水器适用水压时，必须在进水管处安装水压减压阀；当自来水水压低于热水器适用水压时应安装增压泵，使水压维持在热水器的适用范围内。具体操作步骤如下：

1）使用水压计测量自来水水压，根据测量结果判定属于超高或是超低水压。

2）根据水压测量判定结果和热水器的规格，选定合适规格的增压泵或水压减压阀，制备合适的连接管路和管件。

3）选定合适安装位置并正确安装增压泵（含防溅电源插座）或水压减压阀。

4）在用户允许的情况下，建议在增压泵（或减压阀）后端串联一个合适量程的水压表，以便监测管路水压变化情况。

5）启动热水器和增压泵进行全面测试。

6. 根据用户燃气输入压力选择安装燃气调压阀

1）确认用户燃气种类。

2）测量燃气输入压力。

3）根据测量压力数据，判定燃气输入压力属于“欠压”“正常”或“超高”类型。

4）对“超高”类型，加装合适类型的降压阀（注意额定压力和流量）。

5）检查气密性及开机测试。

复习思考题

1. 套管式两用型热水器与板换式两用型热水器的结构及工作原理有何区别？
2. 套管式两用型热水器与冷凝式两用型热水器开机运行流程有何区别？
3. 如何使用微压计检测两用型热水器燃气一次压力？
4. 如何使用U形压力计检测两用型热水器燃气二次压力？
5. 供暖系统如何注水、排气及调试？
6. WIFI路由器如何安装与调试？

第六章

燃气灶具维修

培训学习目标 熟悉家用燃气灶具的结构和工作原理，掌握燃气灶具点火、漏气、燃烧故障等常见故障的排除方法；熟悉集成灶的结构和工作原理，掌握集成灶消毒和烘干故障、电源故障、风机联动故障的排除方法。

第一节 漏气

一、燃气灶具的基本结构和工作原理

燃气灶具的外形和结构如图6-1所示。从图中可以看出，嵌入式灶具和台式灶具虽然各自的安装方式和外形有一定差异，但结构基本相同。

1. 燃气灶具的基本结构

（1）外壳部分 包括面板、底壳、装饰标贴。

（2）点火部分 主要包括脉冲点火器/电子点火器（压电陶瓷点火器）、点火针、点火针连接线、点火喷嘴（独立点火器）等，其功能是点火。

（3）控制部分 由热电偶、电磁阀、定时熄火保护装置、防干烧传感器等组成，其功能是实现安全保护作用。

（4）供气部分 由进气接头、气管、燃气阀体组成，其功能是输送燃气和调节供气大小。

（5）燃烧部分 由喷嘴、调风门、引射管、炉头、火盖等组成，其功能是调节燃气以便充分燃烧。

（6）外设部分 包括锅架、水盘、旋钮、电池盒等。

2. 燃气灶具的工作原理

按下旋钮并逆时针旋转，接通点火器点火，顶开电磁阀，打开气阀进气通

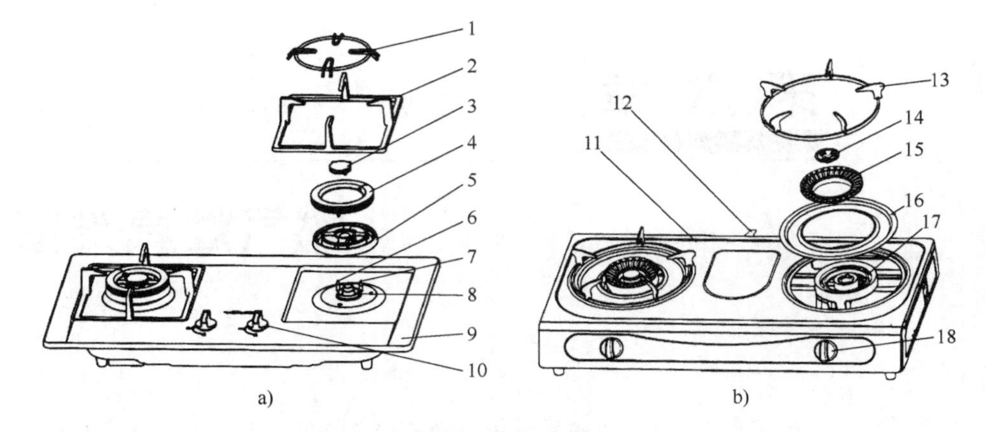

图 6-1　燃气灶具的外形和结构

a）嵌入式灶具　b）台式灶具

1—小锅架　2、13—锅架　3、14—中心火盖（分火器）　4、15—外环火盖（分火器）
5—分气座　6—热电偶　7—点火针　8、17—炉头（燃烧器）　9、11—面板
10、18—旋钮　12—进气管接头　16—水盘

道。燃气经喷嘴喷出，从一次进风口带入一次空气，在炉头引射管和混合腔内与空气混合，最后从火盖火孔流出被点燃燃烧。反馈针感应火焰信号反馈到脉冲器保持燃气电磁阀开启，或是热电偶受热维持电磁阀吸合，松开按压旋钮，点火操作完成，进入正常运行状态。

在灶具正常运行状态，可根据需要随意调节旋钮来调节火焰的大小。当发生意外熄火或旋钮关闭熄火时，反馈针感应不到火焰信号，电磁阀失电关闭，切断燃气供应。对于使用热电熄火保护装置的燃气灶具，熄火后，热电偶热电动势快速下降，到下降到一定程度后电磁阀复位关闭。

二、燃气灶具零部件、易损件漏气的排查与处理

1. 燃气灶具零部件、易损件漏气的主要排查点

1）燃气管与灶具送气管的连接口，以及灶具进气万向接头法兰。

2）送气管与阀体的连接处。

3）电磁阀阀门处及电磁阀与阀体的封装处。

4）旋塞阀点火阀芯密封圈、阀芯阀体连接锥面。

5）喷嘴与阀体的螺栓连接处。

6）点火送气管与阀体的连接处。

7）炉头本体，主要是引射管部位。

8）炉头与火盖的间隙过大。

2. 燃气灶具零部件、易损件漏气的原因及处理方法

1）对于因燃气胶管接口老化龟裂、卡箍松动等导致的连接口漏气，需要更换新燃气胶管并拧紧卡箍。对于因进气万向接头O形密封圈老化或磨损导致的法兰漏气，应更换法兰O形密封圈。

2）送气管与阀体的连接法兰安装不到位或法兰密封圈破损，均会导致密封不良漏气，此时需要重新准确安装法兰或更换破损的密封垫圈。

3）对于因电磁阀阀盖垫圈或燃气阀体的阀门座损伤而造成的阀门关闭不严的漏气（燃气泄漏），需要更换电磁阀阀盖垫圈或更换燃气阀体。电磁阀与燃气阀体的封装密封圈老化漏气或因回火受热熔化漏气，需更换密封圈。

4）旋塞阀点火阀芯密封圈损伤漏气，更换O形密封圈及上润滑脂处理；阀芯阀体连接锥面的密封润滑脂干枯或进气渣损伤漏气，清洁表面并涂装二硫化钼润滑脂，如损伤严重则整体更换。

5）喷嘴安装不到位、滑牙或拆装时漏涂密封胶等造成的漏气，其处理方法是涂胶紧固或更换阀体。

6）点火送气管与阀体的连接密封圈安装不到位、变形等造成的漏气，应更换密封圈。

7）炉头本体因砂眼或砂眼修补胶脱落造成的漏气，应更换炉头。

8）炉头或火盖因跌落、腐蚀、回火变形等造成配合间隙过大，应更换火盖。

三、技能操作

1. 更换故障的燃气旋塞阀、燃烧器、点火器及阀门等

燃气旋塞阀、炉头、点火器及安全阀、电磁阀等内部零部件，均需要关闭燃气和拆开面板才能维修和更换。更换内部零部件的第一步操作是关闭管道燃气阀门和拆装面板，在这里做集中介绍，在后面更换内部部件的操作中省略。

拆卸面板的操作方法和步骤如下：

1）关闭燃气阀门，将旋塞阀调至关闭状态。为安全起见，在拆卸燃气具前必须关闭燃气管道阀门。

2）移去锅具、炉架、火盖、分体式防水盘、气阀旋钮、干电池或电源适配器。

3）找出灶具面板的连接固定螺栓并拆除，分门别类地有序摆放拆卸下来的螺栓和配件。

4）取出面板（要注意嵌入式面板背面与底壳间有黏胶）并稳妥存放好（尤其是玻璃面板）。

5）处理内部零部件，即进行检查、维修或更换等操作。

6）按拆卸的逆顺序安装复原。

（1）更换炉头（燃烧器）

1）移去火盖。

2）拆去卡装在炉头上的点火针，拆下喷嘴与气阀间的连接管（风门和喷嘴安装在阀体上的不需要）。

3）拆下炉头（燃烧器）与底盘间的固定螺钉，抽出炉头。

4）取下安装在炉头上的一体化风门和喷嘴。

5）更换新炉头，在新炉头上复原上述拆下的零部件。

6）安装炉头并连接喷嘴送气管。

7）运行调试并使用明火检查炉头气密性。

（2）更换故障燃气灶旋塞阀

1）拆下炉头点火针、热电偶，拆去炉头，拆下主喷嘴及喷嘴送气管。

2）拆下旋塞阀与送气管的连接螺栓，以及底盘上用于固定旋塞阀的螺栓。

3）移出旋塞阀。

4）拆下旋塞阀上的熄火保护器、点火开关或电子点火器、喷嘴等非规则零件。

5）更换新的旋塞阀，复原拆下的零件并按原位安装固定旋塞阀。

6）检查各阀体及连接处的气密性。

7）点火和运行测试。

（3）更换点火器　压电陶瓷点火器更换较为复杂，而脉冲点火器更换比较简单，下面仅对更换压电陶瓷点火器进行介绍。

1）将旋塞阀调至关闭状态。

2）拔下打火放电针高压线。

3）拆下点火器与旋塞阀的连接固定螺钉，将点火器（含阀轴、阀盖）与旋塞阀分离。

4）更换新点火器，并按逆向操作安装复原。

5）点火测试及试漏（即气密性检查）。

（4）更换气路系统电磁阀

1）拆下电磁阀连接端子，拆下电磁阀与送气管的连接螺钉，卸下电磁阀。

2）检查送气管上的阀门座，去除污物；检查新电磁阀的复位弹簧和阀盖密封垫的完好性。

3）在原位安装新电磁阀，接好控制电线端子。

4）开机测试和试漏。

（5）更换热电偶和电磁阀

1）将热电偶和电磁阀连同旋塞阀整体拆下。

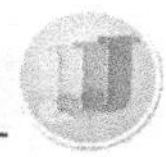

2）将热电偶和电磁阀从旋塞阀上拆下。

3）分离热电偶和电磁阀。

4）检查和更换新的热电偶或电磁阀并装配为一体。

5）检查旋塞阀上电磁阀阀座的清洁度并安装电磁阀。

6）电磁阀连接口试漏和运行检测热电偶与电磁阀的性能。

2. 更换燃气系统密封垫

1）关闭燃气阀门。

2）用扳手卸下燃气连接管的端头螺纹。

3）取下密封垫。

4）更换新的密封垫并连接燃气连接管。

5）打开气源使用肥皂泡沫检测接口气密性。

第二节　点不着火

一、燃气灶具常见故障及失效原理

燃气灶具是家庭的日常烹饪器具，使用频率比较高，工作环境比较恶劣，最常见的故障是点火难、点不着火、松手熄火、火焰异常和焦糊味等，这些问题的成因除自身配件故障外，还有供气压力、操作不当、水渍浸泡等外部原因。下面从自身原因和外部原因对引起的点不着火问题进行分析和讲解。

1. 燃气及气路原因造成的点不着火、松手熄火及燃烧异常等常见故障

1）使用不合适的气种或燃气压力超高造成的气流过大，将造成点火困难或点不着火、热电偶火焰离焰、松手熄火等故障。

2）气路堵塞、喷嘴堵塞、引射管堵塞、火孔偏离等引发的点火间隙致使燃气密度低，点火困难以及火小、回火、红火、黄焰、黑烟等问题。

3）汤渍堵塞点火孔、热电偶火孔，引起点不着或松手熄火。

4）汤渍堵塞了火盖的大部分火孔，引起点火孔、热电偶火孔流速过大，造成点不着、点火困难、松手熄火、离焰等问题。

2. 部件失效及外部原因造成的点不着火、松手熄火及燃烧异常等常见故障

1）压电点火器拨爪失效、脉冲器故障、供电电压不足、电池无电或接反、供电线路松脱等导致的无点火脉冲。

2）点火高压线脱落和绝缘破坏、点火针开裂、污物短接点火针等引起的点火针无火花、火花弱。

3）阀体推杆不到位、电磁阀或热电偶失效及连接不良、离子感焰针或电磁

阀故障等造成的松手熄火。

4）火盖没安装到位，引起的回火、点火困难、松后熄火故障。

二、点火距离与点火频率是否合格的判断

燃气灶具、热水器等的最佳放电点火距离是5mm，4～6mm为合适距离。在电火花能量低的情形下点火距离近一点较好，压电陶瓷点火放电能量大且操作一次单次点火，点火距离远一点较好。

判定点火距离合格的办法有两种：一种是用尺测量，另一种是通过观察点火火花来判断。目测，点火火花呈蓝色，火花没向四周飘散，火花粗壮中间没中断，可以判定点火距离正常。

事实上，点火频率高低对点火成功率没有关联，点火频率高低由生产厂家决定，有高频脉冲也有低频脉冲。但是，当脉冲频率低于出厂频率时可视作异常，其可能原因是供电电压偏低，此时应考虑更换电池。

三、点火针、电池电压及脉冲点火器工作电压的测量

能实现击穿空气形成放电火花的电压在4000V左右，因此无论是压电陶瓷或是电子脉冲器，最终在点火针上形成的点火高电压是4000V左右。测量脉冲高电压时要使用示波器，在维修工作中不用实际测量，仅需要通过观测有无火花、火花的强弱、脉冲火花频率来判断点火火花的好坏。

1. 电池电压的测量

脉冲点火器的工作电压一般是DC 1.5V，使用的是1.5V干电池。当干电池电压下降接近1.2V时，点火脉冲逐步放慢或转弱甚至是停止，因此当电池电压接近1.2V时就要更换新电池。

使用万用表直接测量干电池电压的方法是：将万用表置于直流电压档，量程置于10V档位，取出干电池后用红表笔接干电池正极，黑表笔接负极，此时万用表指示的值就是电池的实际输出电压值。

2. 脉冲点火器工作电压的测量

脉冲点火器的工作电压包括供电电压、放大器工作点电压、锯齿波充电电压和放电电压等。一方面由于脉冲点火器电路是封装电路，内部工作点的电压难以测量；另一方面，维修一般均是换件维修，测量内部工作点的电压也没有实际意义。我们仅需要测量脉冲点火器的供电电压，以判断输入工作电压是否正常即可。

使用万用表测量脉冲点火器输入工作电压的方法是：将万用表置于直流电压档，量程置于10V档位，用红表笔接输入正极，黑表笔接输入负极或接地，读取测量值。

四、火力调节和供气压力检测

1. 火力调节

一般地，阀体的结构决定了灶具的火力调节方式和调节范围，阀体的调节角度决定了调节范围。这里以三通道旋塞阀为例加以说明，三通道旋塞阀代表着燃烧器为三环火，三个通道分别控制外环火、中环火和中心火。有些厂家的三通道旋塞阀只限调节外环和中环火力，中心火不可调节。有些厂家的三通道旋阀中心火也可调节。

旋塞阀火力调节的基本方法如下：

1）设定风门。点着大火后，将旋钮调到面板上标识为火力最大的位置上（一般是9点钟位置），此时将各路燃烧器的风门调至最佳火焰状态。

2）从火力最大位置回调或继续旋转，都能调小火力，调至最大角度（一般是6点钟位置，最大是4点半钟位置）为最小火力。

2. 供气压力检测

测量供气压力可用数字式微压计和U形压力计。测量结果为$0.75p_n \sim 1.5p_n$（p_n为额定燃气压力）均为正常，超出$1.5p_n$的需加装减压阀或更换减压阀。

五、技能操作

1. 对喷嘴、燃烧器、引射管、点火针等零部件堵塞、损坏或油污造成的故障进行诊断和排除

根据故障现象排查原因，根据排查结果进行对症处理。具体情况如下：

1）有点火声却没见火花或偶有火花，这种情况属于点火针绝缘损坏，应做更换点火针处理。

2）点火声音沉闷，火花趴地，这种情况属于点火针有油污，应做清污处理。

3）火够大无力、红火，这种情况属于引射管堵塞或风门太小，需清理引射管。

4）红火伴有回火现象，这种情况属于喷嘴扩散管堵塞，需清理喷嘴扩散管。

5）气压正常但火小或回火声小，这种情况属于喷嘴孔堵塞，需拆下喷嘴和清理喷嘴。

6）回火严重，声音大，这种情况属于火盖严重变形，应更换火盖。

7）个别火孔无火，部分火孔无火且部分离焰，这种情况属于无火火孔堵塞，应用牙签或铁丝清理。

2. 修复部件连接线接触不良、松动、断裂等

1）根据故障现象，初判故障原因。

2）拆下面板（台式机一般不用拆），根据初判结果快速找到故障部位，确定故障类型。

3）根据故障类型，对应排除。具体按如下方案对症修复。

① 放电电缆线松动或接触不良，剪掉接线头，重新接插。

② 热电偶连接接触不良，拆下连接点，清理氧化层，重新固定。

③ 连接线端子松脱，拔出后用钳子压紧再插好。

④ 端子、连线断裂，焊接、铰接连接好再用电胶布包扎处理，也可直接换新。

3. 分析点火火花强弱对点火成功的影响

1）点火火花无力、间断、发红、间隔长，说明点火火花弱。点火火花弱会影响点火成功率，点火间隔变长可引起爆燃。

2）声音清脆有力、火花蓝色不间断，说明点火火花强，能量充足，点火成功率也较高。

4. 对电池、脉冲器工作电压、启动开关、点火针造成的不点火进行判断

脉冲点火灶具遇到点火针不点火，按如下步骤进行排查：

1）查看是否属于电池装反、接触不良、接线松脱导致的脉冲供电错误或不供电。

2）测量电池电压，判定是否电压不足，0.9V 脉冲不工作。

3）测量启动开关接线端在开、关状态下的电阻值，判断开关是否能够正常接通。

4）在电池正常、导线和开关接触良好的情况下，如果没有脉冲声，可断定脉冲器损坏，若偶有脉冲而无火花或有轻微的脉冲声，可断定点火针或点火高压线绝缘失效。

第三节　燃烧故障

一、燃气压力与成分变化对燃烧的影响

燃气压力与成分变化对灶具的热负荷、燃烧特性、热效率等均会产生不良影响。

1. 燃气压力变化对灶具燃烧的影响

燃气压力增高，热负荷增高；燃气压力增高，一次空气量相对减少，易产

生不完全燃烧，燃气利用率低，热效率降低，烟气中 CO 含量增加，出现黄色火焰、黑烟等情况；燃气压力增高，火孔流速加大，也容易产生离焰、脱火问题。

燃气压力过低，负荷降低，加热时间长，火焰高度降低，热效率降低，严重时也会产生回火等问题。

2. 燃气成分变化对灶具燃烧的影响

燃气成分变化会引起热值和相对密度的变化，热值和相对密度的变化进而影响热负荷、火焰和燃烧特性、热效率的变化。

1）燃气成分变化引起热值的增大对燃烧产生的影响。燃气热值增加，热负荷增大，加热快；热值增加，一次空气系数下降，易产生不完全燃烧，烟气中 CO 含量增加，效率降低，产生黄色火焰等。

2）燃气成分变化引起热值的降低对燃烧产生的影响。燃气热值降低，热负荷降低，加热时间延长。热值降低，一次空气系数相对增大，燃烧声音大，易脱火、熄火回火等。

3）燃气成分变化对火焰特性和燃烧稳定性的影响。燃气成分的改变，主要是影响火焰的传递速度，例如氢气成分的增加，火焰传递速度较快，易回火；甲烷、丙烷含量增加，火焰速度传递速度慢，易脱火。

燃气成分的改变会影响火焰长度及温度分布，例如火焰传递速度慢，成分增加，火焰高度增高，内焰与餐具冷表面接触，易产生不完全燃烧，热效率降低，CO 含量增加和接触性黄色火焰。

二、燃气燃烧基本理论

燃气灶具火焰的稳定性是必须要保证的。所谓火焰稳定性是指燃烧火焰既不回火，也不离焰、脱火。

回火、离焰、脱火等现象在燃气具燃烧时是不允许的。例如，回火会烧坏燃烧器及其他零配件，也可导致火焰熄灭，造成中毒或爆炸事故。稳定性破坏了火焰结构，导致熄火。离焰、脱火会破坏火焰结构，也可导致熄火。

灶具所使用的大气式燃烧器和红外线燃烧器都是一种预混式燃烧，下面介绍预混式燃烧火焰不稳定的机理和预防措施。

1. 火焰稳定性的主要影响因素

（1）燃烧速度　垂直于燃烧焰面，火焰向未燃气体方向传播的速度叫作燃烧速度。在常温常压下，可燃气体与空气混合物的最大燃烧速度是物理化学常数。其中，一次空气系数对燃烧速度影响很大。

（2）火焰稳定性的本质　火焰的稳定，就是火孔出口流速与燃烧速度的对立统一，即焰面上每一点的气流在法线上的分速度等于该点上的燃烧速度。

（3）燃烧不稳定因素　预混式燃烧的特点决定了燃烧存在不稳定因素，预混式燃烧只能在一定的火孔出口流速范围内保持稳定。

1）火孔直径对火焰移动速度（燃烧速度）产生影响。火孔直径越小，焰面的弯曲度越小，火焰移动速度越慢。

2）燃气成分、燃烧器一次空气系数、火孔面积增大等凡是能够提高燃烧速度的因素，也是造成易回火的因素。回火极限最高点的一次空气系数和最大燃烧速度时的一次空气系数基本相同。但是，最高脱火极限并不出现在最大燃烧速度时的一次空气系数之上，而是一次空气系数越大，脱火极限越小，这是因为一次空气系数越大，燃气浓度越容易被冲淡，火焰根部就越易被冷却。

（4）造成回火的主要因素

1）燃烧速度越高的燃气越易回火。人工煤气的回火极限比天然气高得多。

2）燃气与空气混合气体预热温度越高越易回火。例如，红外线燃烧器混合气易受辐射而被加热，因此较大气式燃烧器更易回火。

3）火孔直径越大越易回火。人工煤气燃烧速度快，因此火孔面积比天然气、液化石油气的要小。

4）火孔材料导热性能越差越易回火。

5）火孔外出现正压时（如强风吹），容易出现回火。

（5）造成脱火的主要因素　影响脱火的因素正好与回火相反。

1）燃烧速度越小的燃气越容易脱火。

2）燃烧器头部越冷越容易脱火。

3）火孔直径越小越容易脱火。

4）风门过大，冲淡燃气浓度，火焰根部易冷脱火。

5）强烈的风吹扰动。

2. 回火、离焰、脱火的预防措施

（1）预防回火的措施

1）适当减小火孔直径。

2）加大火孔深度。

3）提高火孔加工精度和光洁度，避免火孔内侧有毛刺等杂物破坏速度场的均匀性。

4）选择正确的一次空气系数和火孔出口流速。

5）经常清洁喷嘴，防止喷嘴孔径变小，使火孔出口流速降低。

（2）预防脱火的措施

1）采用设置阻力较大的焰孔，增加对主火焰根部的加热，以防止脱火。

2）选择适当的火孔出口流速和一次空气系数。

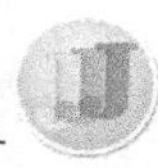

三、燃气灶具红火、离焰、回火等常见故障的排查

1. 燃气灶具出现红火、黄色火焰、黑烟故障的排查点

1）检查喷嘴是否堵塞或存在油污。

2）均匀红火、黄色火焰，检查风门、喷嘴、引射管并测量燃气压力。

3）冒黑烟时，检查喷嘴和气源。

2. 燃气灶具出现离焰、脱火故障的排查点

1）若个别或部分火孔离焰、脱火，应检查火孔是否堵塞。

2）若大部分火孔离焰，应检查风门、气压、气源。

3）若脱火严重，应检查燃气压力。

3. 燃气灶具出现回火、爆燃故障的排查点

1）若出现点火回火，应检查火盖是否盖严。

2）若火盖火焰不整齐并伴有回火，应检查火孔、火盖、燃烧器。

3）若关火后出现回火，应检查风门是否过大。

4）若火焰软弱并伴有回火，应检查喷嘴、引射管是否堵塞。

5）若点火后爆燃，应检查点火火孔堵塞、风门过大、气压过高、喷嘴堵塞等现象是否存在。

四、技能操作

1. 分析燃气灶具燃烧产生回火、离焰、黄色火焰的原因

（1）回火

1）通过问（用户描述）、闻（听回火声音）、看（见回火现象）确定是回火问题，并了解回火情形、回火程度，确定大致回火原因。

2）按先外后内顺序排查原因。排查顺序是：火盖安放和变形、火孔增大情况，检查风门并适当调小，检查引射管是否堵塞，检查喷嘴是否堵塞。

（2）离焰

1）通过问（用户描述）、闻（听离焰声音）、看（见离焰现象）确定属于离焰故障并观察离焰程度，大致确定原因范围。

2）按先外后内顺序排查原因。排查顺序是：火孔堵塞、风门过大、气压过大。

（3）黄色火焰

1）通过问（用户描述）、看（观察黄色火焰情况），排除接触性黄色火焰，确定大致原因范围。

2）先检查喷嘴处的油污，再检查风门是否过小，最后检查引射管和喷嘴是否堵塞。

（4）爆燃

1）了解爆燃事实，确定爆燃类型（点火爆燃）。

2）按顺序排查：检查点火火孔是否堵塞，检查风门是否过大，检查气压是否过高，检查喷嘴是否堵塞。

2. 检测燃气输入压力并调整一次空气风门等排除燃烧故障

1）根据燃烧故障特征，确定故障与气压、风门的关联性。

2）一般来讲，应根据故障与气压、风门的关联度来处理，这种故障适宜采用先易后难的顺序处理，也需先调节风门。风门能改善离焰、脱火、黄色火焰、黑烟等多数燃烧问题。

3）若调整风门仍不能解决离焰、脱火、火力小等问题，需要检测输入气压来确定故障原因及解决方法。

3. 诊断和排除气管、减压阀、燃气灶具内部气路通道不畅引起的燃烧故障

1）若灶具在火孔畅通、风门状态良好的情况下，火孔火焰软绵和黄色火焰，基本可以断定是气压过低和内部管路堵塞。

2）先检查气管是否扭曲，再检查引射管、喷嘴是否堵塞。采用韧性较强但不伤害零件的工具清除堵塞口。

3）采用压力计检查减压阀供气压力，若供气压力低，说明阀门堵塞或失效，直接换新即可。

4）检查完外部气路后，再排查气管和燃气调节阀。通过清理、重新上油或更换堵塞的阀膜等方法一般能够得以解决。

4. 排查点火爆燃故障

1）先排查点火器的故障，检查是否属于点火器故障造成点火爆燃。

2）检查点火孔是否堵塞，检查点火间距、点火位置、火花强弱、点火针绝缘层等。

3）检查火盖回火与否以及风门是否过大。

4）倾听气流声音，判定气压是否异常，测量并确定燃气压力是否过高。

第四节　多功能灶、集成灶具故障

一、集成灶的结构

集成灶是将家用灶具和烹饪烟气抽吸装置组合在一起的器具，或在此基础上增加食具消毒柜、烤箱、电磁灶、储藏柜等一种或一种以上功能的器具。

无论是集成哪种功能，集成灶的外观结构都基本类似，其外观如图 6-2

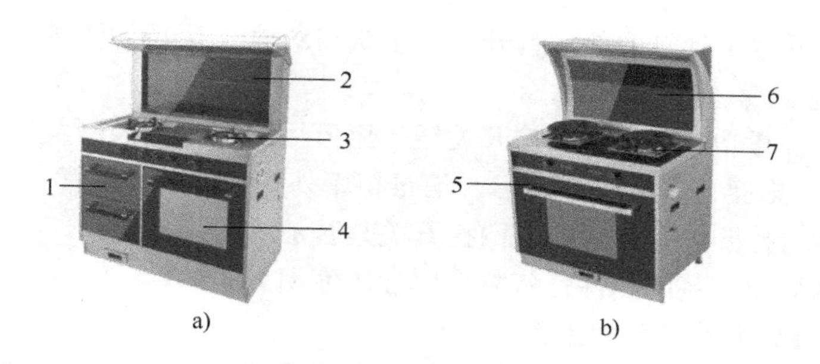

图 6-2　集成灶的外观

a）集成消毒和储物功能的集成灶　b）集成蒸箱功能的集成灶

1—消毒柜、储藏柜　2、6—烟气抽吸装置　3、7—家用燃气灶　4—烤箱　5—电蒸箱

所示。

二、集成灶常见故障的排查

1. 集成灶消毒、烘干运行故障的排查

集成灶的消毒功能一般是通过臭氧紫外线灯管或臭氧发生器产生臭氧来实现食具消毒的。其烘干功能基本上是采用石英灯管、光波管、PTC 发热器等作为发热元件，烘干温度一般为 60℃，实现对食具进行烘干。

常见故障为门控开关失效、灯管破损等，解决方案基本上是采用更换零件的方式。

2. 集成灶电源、风机联动故障的排查

集成灶电源故障一般为电源主板因集成灶内部布线破损引起短路烧断熔丝，或因防腐防潮不当引起短路烧毁。一般解决方案是，确认电源主板损坏后，更换电源主板。

集成灶风机联动故障一般为火焰状态不稳定，联动检测信号弱，联动失败。其解决方案是，首先将火焰调整至稳定状态，并确保热电偶（火焰检测针）处受热充分。

若集成灶点火正常，但风机不能启动，这种情况一般为脉冲点火器与电源主板连接异常。

三、技能操作

1. 对集成灶消毒、烘干运行故障进行诊断和排除

（1）消毒与烘干报警故障的诊断和排除

1）确认故障现象，确保消毒柜柜门关闭无异常，开启消毒或烘干功能，显示报警工作状态，紫外线灯管或烘干发热元件不工作。

2）拆卸并取下灶具面板，打开电源主板安装盒，保持按键控制板与电源主板的通信正常。

3）开启消毒功能，拔下门控开关线，用万用表测量门控开关电压（常规设计为DC5V）、短接门控开关端口后，消毒柜紫外线灯管工作正常。

4）排除门控开关是否脱线或门控开关是否被有效顶压。

5）排除故障，装回部件，恢复集成灶的使用。

（2）消毒故障的诊断和排除

1）确认故障现象：确保消毒柜柜门关闭无异常，开启消毒功能，显示正常工作状态，紫外线灯管不亮。

2）拆卸并取下灶具面板，打开电源主板安装盒，保持按键控制板与电源主板通信正常。

3）开启消毒功能，消毒功能输出端电压为AC 220V，确认电源主板工作正常，否则需更换电源主板。

4）拔下门控开关线，用万用表测量门控开关电压（常规设计为DC 5V），并将其插回电源主板。

5）更换臭氧紫外线灯管后，仍不能正常工作，则更换电子镇流器。

6）排除故障，装回部件，恢复集成灶的使用。

（3）烘干故障的诊断和排除

1）确认故障现象：确保消毒柜柜门关闭无异常，开启烘干功能，显示正常工作状态，发热元件不工作。

2）拆卸并取下灶具面板，打开电源主板安装盒，保持按键控制板与电源主板通信正常。

3）开启烘干功能，烘干功能输出端电压为AC 220V，确认电源主板工作正常，否则更换电源主板。

4）拔下门控开关线，用万用表测量门控开关电压（常规设计为DC 5V），并将其插回电源主板。

5）更换烘干发热元器件，确认故障排除。

6）排除故障，装回部件，恢复集成灶使用。

2. 集成灶电源、风机联动故障的诊断和排除

（1）集成灶电源主板故障的诊断和排除

1）确认故障现象，确保插座供电正常，电源线与机器耦合器插接无异常，接通电源，机器无显示。

2）连接好插座，测量集成灶电源线耦合器端电压（正常值为AC 220V）。

3）拆卸并取下灶具面板，打开电源主板安装盒。

4）测量电源主板上的电源输入端电压（正常值为AC 220V）。

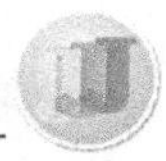

5）测量电源主板通信端口（与按键板连接端口）的输出电压（一般为 DC 12V 或 DC 5V），若无电压则为电源主板损坏。

6）更换电源主板，确认故障排除。

7）排除故障，装回部件，恢复集成灶的使用。

（2）集成灶风机直接联动故障的诊断和排除

1）确认故障现象（离子感应熄火保护方式）：确保风机运行无异常，按压点火旋钮，风机不启动。

2）拆卸并取下灶具面板，保持按键控制板与电源主板通信正常。

3）短接微动开关，风机启动，则调整或更换微动开关，排除故障。

4）排除故障，装回部件，恢复集成灶的使用。

（3）集成灶风机联动检测故障的诊断和排除

1）确认故障现象（热电式熄火保护方式）：确保风机运行无异常，燃气供应和压力正常，火焰状态稳定，火苗均匀。

2）拆卸并取下灶具面板，保持按键控制板与电源主板通信正常。

3）点火并将火力调节在最大火状态，用万用表测量热电偶的热电动势（正常值为 DC 200mV），与设定的联动启动热电动势阈值进行比较（启动阈值一般为 3mV）。

4）当热电动势小于启动阈值时，调整热电偶与火苗的位置，使热电偶充分受热，提升热电动势。

5）当热电动势大于联动启动阈值时，短接联动微动开关后，若风机启动，应排除微动开关的通断故障。

6）当热电动势大于联动启动阈值时，短接联动微动开关后，若风机不启动，应排除热电偶与电源主板的信号传递故障。

复习思考题

1. 如何诊断燃气泄漏？燃气泄漏如何应急处理？
2. 如何排查点不着火的主要原因？
3. 灶具回火、离焰、黄色火焰的主要原因是什么？如何处理？
4. 发生重大事故时如何应急处理？
5. 如何判断集成灶电源、风机的联动故障？
6. 如何诊断和排除集成灶消毒、烘干运行故障？
7. 如何诊断和排除集成灶风机联动故障？
8. 如何诊断集成灶电源主板故障？

第七章

供热水燃气快速热水器维修

培训学习目标 熟悉供热水燃气快速热水器的内部结构，掌握其内部零件的拆解方法；熟悉供热水燃气快速热水器各类故障原因，掌握各类故障排除方法。

第一节 开启水阀无法启动

一、热水器对额定工作水压和燃气压力的要求

对于国内燃气热水器生产厂家生产的热水器，其标准额定工作水压是0.1MPa，一般适用水压范围是0.02～1.0MPa。

燃气热水器使用的燃气种类通常分为液化石油气、天然气和人工燃气，它们的代号和额定供气压力见表7-1。

表7-1 燃气的种类、代号和额定供气压力

燃气种类	代　号	燃气额定供气压力/Pa
人工燃气	3R、4R、5R、6R、7R	1000
天然气	3T、4T、6T	1000
	10T、12T	2000
液化石油气	19Y、20Y、22Y	2800

二、热水器点火针与反馈针正确位置和距离对点火的影响

（1）点火针　燃气热水器点火针点火火花的正确位置，是在燃烧器火孔的

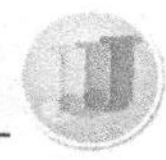

正上方与燃气喷出处，这样比较容易点着火。点火放电尖端的距离一般为4～6mm，如果位置和距离不正确，对点火有一定影响。具体表现如下：

1）出现多次点火或点火困难问题。

2）出现点火爆燃问题。

3）出现点不着火、乱点火（非火孔位置点火）等现象。

（2）反馈针　燃气热水器反馈针感应段的正确位置，应在燃烧器火孔的正上方与燃气燃烧火焰相交，这样才容易感应到火焰信号。反馈针与火排燃烧火孔平面的距离要求为5～8mm，如果位置和距离不正确，对火焰反馈信号有一定影响。具体表现如下：

1）多次点着火后才能维持持续的火焰燃烧信号。

2）出现中途自动熄火问题。

3）出现点着但不能维持火焰燃烧（无法检测到火焰信号）等现象。

三、水压不足及排烟管道堵塞对热水器启动的影响

1. 水压不足对热水器启动的影响

对启动水压要求高的燃气热水器，如采用机械式水气联动阀结构的燃气热水器，当进水压力小于0.03MPa时，可能不启动点火。其主要原因是，水压较低时，流速较慢，隔膜左右腔产生的压差不足，推杆位移量不足以推开燃气阀门，点火但无燃气流出，所以点不着火。水压特别低以致推杆位移量不足以打开微动开关时，会出现点火不启动的现象。

对于采用水气联动阀结构的热水器，将水阀水量调小可以增加文丘里管的流速，压差增加。因此，水压较低时可以采用此方法来尝试启动热水器。

在相同的管道内，水压与水量成正比。采用水流量传感器控制的热水器，设定的启动水压一般要低于采用压差式启动的热水器。但为了安全起见，水压过低及水流量未能达到设定的启动流量时，控制器无法控制开阀和点火。

总之，压力达不到启动水压时，热水器将不能启动工作。

2. 排烟管道堵塞对热水器启动的影响

（1）排烟管道堵塞对烟道式、给排式（平衡式）热水器启动的影响　烟道式热水器设有防排烟管道堵塞装置，烟管堵塞不影响热水器启动，但对于热水器感焰装置，在烟道堵塞燃烧不充分的情形下，热水器能够自动关闭，防止事态继续蔓延。因此，遇到烟道式热水器频发熄火的情况时，要检查烟管的堵塞。

（2）排烟管道堵塞对强排式、强制给排式热水器启动的影响　强排式、强制给排式热水器都安装了防排烟管堵塞的安全装置——风压开关。当热水器开启时，风机转动，风压开关打开，热水器才会启动点火脉冲和燃气阀。若烟道堵

塞，风机排气所产生的负压无法打开风压开关，热水器不能进入点火和吸阀动作，热水器不启动。

强排式、强制给排式热水器在工作过程中，如受到外风压力过大或有异物堵塞烟管出风口时，排风不畅，风压开关负压口负压降低，开关闭合，热水器停止运行。

四、工作电压不足及出水端阻力过大对热水器启动的影响

1. 燃气热水器工作电压不足对启动的影响

对于使用干电池供电的烟道式热水器，其工作电压不足直接影响脉冲控制器无法正常工作，尤其是影响自动电磁阀的正常供电，因此当电池电压无法维持电磁阀吸合时，热水器无法启动，需要更换新电池。

对于采用交流输入电压的热水器，电压很低时，一般不会影响内部电路的正常工作，但对风机的启动影响较大。当电压低，电动机启动变慢，风机在程序设定的时间内无法达到启动风压开关的转速时，被误认为烟管堵塞，热水器不启动点火和开阀。带有电压诊断和转速检测的机型，一般设置为“失去禁止启动”。

2. 燃气热水器出水端阻力过大对启动的影响

燃气热水器的出水端阻力过大，水管流速慢，对采用水气联动阀结构的热水器来说，和进水水压不足同理，水流流速低压差小，需要水阀调至高温（调小水）启动或不启动。对采用水流量开关装置启动的燃气热水器来说，出水端阻力过大时，水流传感器磁性转子转速慢，慢到一定程度时热水器就不会启动。总之，出水端阻力过大对热水器启动有一定影响，其影响程度视各厂家机型而定。

五、主控制器程序参数设置不当对热水器运行的影响

一般普通非恒温型燃气热水器，其功能少，控制参数少，控制程序简单，封闭用户调试功能，技术成熟，运行可靠，不存在设置不当的情况。

对于智能恒温型燃气热水器来说，出厂设置的参数为通用型设置，这种设置能适应大多数的使用环境，遇到恶劣的使用环境，如安装在强迎风面的机器，使用在供气、压力和热值波动大的区域等，面对这些特殊条件，主控器的原始程序设置将无法适应，造成运行效果偏离出厂设定值，进而影响正常使用。为此，各厂家专门为专业安装维修人员提供了开放性的参数设置后台，例如有风机转速控制点选择、燃气二次压力工作点的选择等参数的设置。专业人员可以根据产品技术指导书设置和调校工作点，使机器能够在特定的环境下正常运行。

六、热水器的内部结构及其拆解

（一）强排式热水器的内部结构及拆解方法

1. 强排式热水器内部结构

强制排气式燃气热水器（简称强排式热水器）是采用风机强制将废气从专用烟道排出室外的机型，其安全性能较烟道式热水器要高。

强制排气式燃气热水器根据风机的给排气方式不同可分为抽风型和鼓风型两种。图 7-1 所示为两种机型的内部结构。可以通过观察这两种机型的内部结构布局及相关的零部件名称。

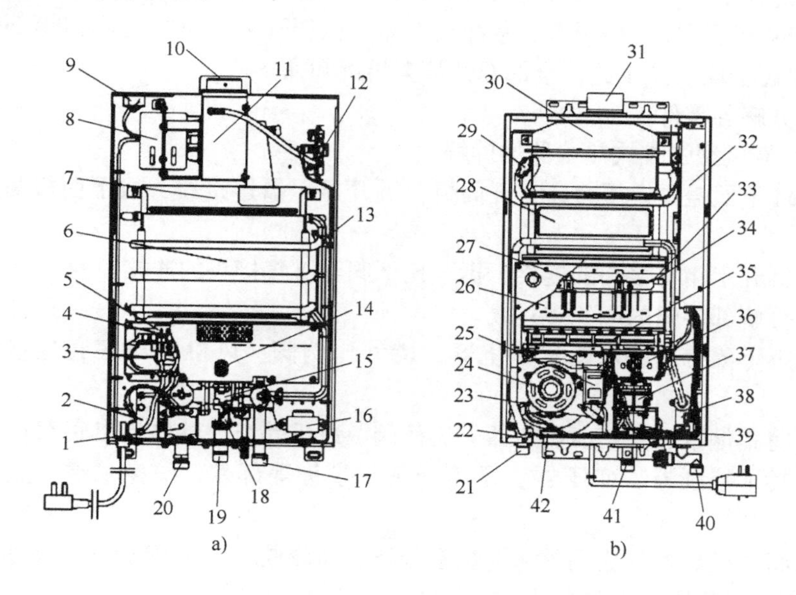

图 7-1　强排式热水器的内部结构

a）抽风型强排式热水器　b）鼓风型强排式热水器

1—电磁阀　2、25—脉冲点火器　3、26—燃烧器　4、34—点火针　5、33—反馈针　6、28—热交换器总成　7、30—集烟罩　8、24—电动机　9、42—电容器　10、31—排烟口　11—风机总成　12—风压开关　13、29—超温保护温控器　14、35—燃气管总成　15、37—燃气比例阀　16—变压器　17、40—冷水进口　18—微动开关　19、21—热水出口　20、41—燃气进口　22—出水温度传感器　23—霍尔传感器　27—热电偶　32—主控制器　36—分段切换阀　37—燃气比例阀　38—水流量传感器　39—进水温度传感器

2. 强排式热水器的拆解

拆解强排式热水器时，必须在关闭燃气总阀、进水水阀、断开电源的情况下进行，并使用合适的工具进行拆解。

（1）抽风型强排式热水器的拆解

1）拔出旋钮，卸下面盖安装螺钉，拆开显示器连接线，移开面盖与显示器组件。

2）拆开燃烧器隔热挡板，拔出点火针、反馈针导线，拆开机内所有电气连接线。

3）松开联动阀与喷嘴送气管的连接螺钉，取出燃烧器与喷嘴组件。

4）松开水箱与水阀、出水接头的连接。

5）拆开水箱、风机与底壳的固定螺钉，取出水箱风机连接组件。

6）拆开水阀、气阀与底壳的固定螺钉，取出水气联动阀组件。

7）拆开变压器、控制器、脉冲点火器、风压开关、风机电容器等部件的固定螺钉并逐个取出。至此，全部部件从整机拆卸完毕。

8）分解各零件。

（2）鼓风型强排式热水器的拆解

1）卸下面盖固定螺钉，打开面板，拆开显示器连接线，取下面板与显示器组件。

2）拆开水箱与接头的连接，拆开比例阀与进气接头的连接。

3）分解部件间的电气连接线。

4）拆下集烟罩、水箱、燃烧器、燃气比例阀、风机等与底壳连接的固定螺钉。

5）将集烟罩、水箱、燃烧器、比例阀、风机等组件整体抬出底壳。

6）拆下控制器、变压器、风压开关、接头等部件，清空底壳，整体拆卸完毕。

7）将风机、燃气比例阀从燃烧室分离，将燃烧室与水箱分离，将水箱与集烟罩分离，拆解燃烧室各组件。

8）分解各零件。

（二）强排式热水器主要部件的结构与工作原理

1. 水气联动阀和燃气比例阀

（1）水气联动阀　水气联动阀包括水气三大阀体（气阀体、联动阀体、水阀体）、电磁阀、微动开关、安全泄压阀等，气阀和水阀都有调节旋钮，既可单独调节各自流量，也可配合来调节水温。其工作原理如图 7-2 所示。

水气联动阀的工作原理是：水流经过水阀的文丘里管，由于水流的作用，在压差盘两侧形成水压力差，推动水气联动阀的阀轴（推杆）向气阀侧移动，撬动微动开关启动点火和电磁阀启动，燃气进入气阀室。当启动水压足够时，推杆位移足够顶开燃气阀门，燃气从气阀室经过送气管（俗称方管）、喷嘴流进燃烧器，从火口流出后被点燃燃烧。

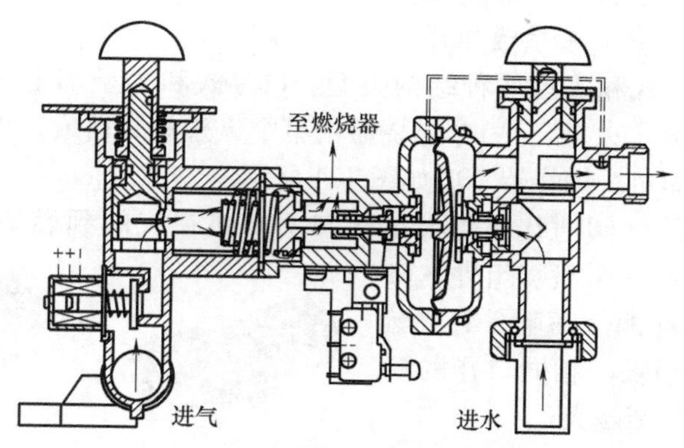

图 7-2　水气联动阀的工作原理

当水路关闭，水流停止，文丘里管内形成的压差消失，隔膜和气阀在弹簧力作用下复位，微动开关断开，控制器断电停止工作，电磁阀关闭，气路切断，火焰熄灭，最后是气阀复位到位关闭。

（2）燃气比例阀　燃气比例阀是热水器控制燃气大小的阀体，一般由总电磁开关阀、比例阀线圈、比例阀阀芯、稳压隔膜、铁心、稳压弹簧、调节螺钉、二次压力取样口组成。

燃气比例阀的工作原理是：燃气先经过总电磁开关阀，再流经比例阀阀芯，比例阀的阀芯开度大小决定了燃气流量的大小，比例阀阀芯的开度是由主控制器输送给比例阀线圈的电压决定的，一般电压范围为 7～23V，关闭比例阀采用关闭输入电压来实现。燃气比例阀的外形及内部结构和工作原理如图 7-3 所示。

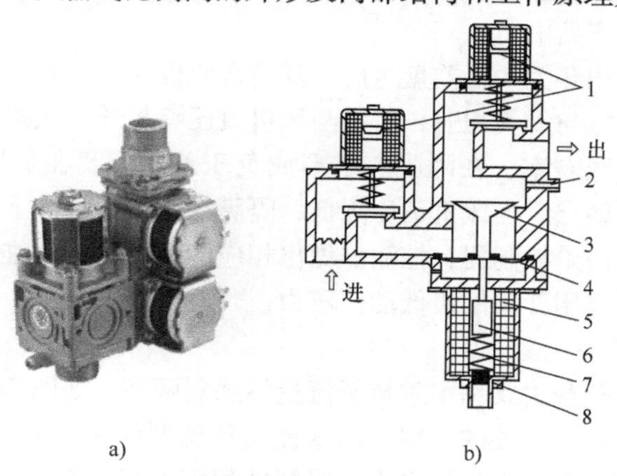

图 7-3　燃气比例阀

a）热水器燃气比例阀外形　b）燃气比例阀内部结构和工作原理

1—电磁开关阀　2—二次压力取样口　3—比例阀阀芯　4—稳压隔膜　5—比例阀线圈

6—铁心　7—稳压弹簧　8—调节螺钉

2. 燃烧器（火排）和喷嘴组件

燃烧器有口琴式和T型两种结构类型。口琴式和T型都是一种引射式的大气式燃烧器，俗称“火排”。整个燃烧器由单个火排集装而成，集成数量根据热水器热负荷需要而定。燃烧器总成如图7-4所示。

喷嘴是燃气从气阀通往燃烧器的关口，安装在气阀到燃烧器的输气管上（俗称方管），组成一个喷嘴组件。口琴式燃烧器一片配两个喷嘴，T型燃烧器一片配一个喷嘴。相同口径的喷嘴数量越多，热负荷越大。

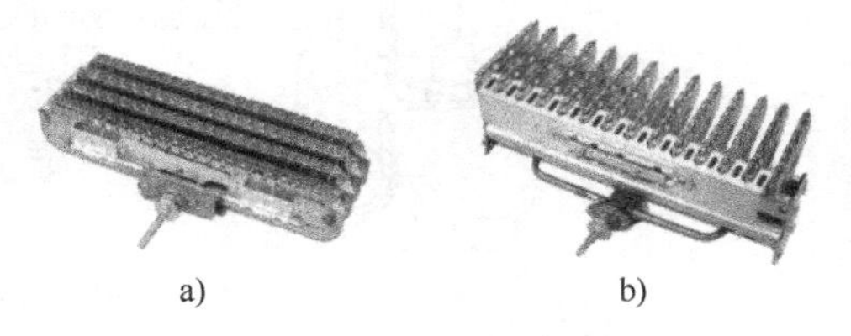

a)　　b)

图7-4　普通热水器燃烧器总成

a）口琴式燃烧器　b）T型燃烧器

3. 热交换器（水箱）

热水器的热交换器俗称水箱，它的腰部是燃烧室，顶部是由盘管和翅片组成的换热区。它的工作原理是，燃气在燃烧器室内燃烧，生成热烟气，热烟气经过翅片给翅片加热，翅片将热量传递给流经盘管的水。

4. 风机和风压开关

风机是风机总成的简称，风机是热水器主动排烟的核心部件。风机由集烟罩、蜗壳、叶片（风轮）和电动机组成。风机包括交流电压输入的交流风机和直流电压输入的直流风机两种。交流风机为双速风机（半速和全速），应用最为普及，如图7-5所示。直流风机为无级调速风机，调节范围广，风速控制精度高，只应用在高端产品中。

风压开关由微动开关、压差盘组成，其结构原理如图7-6所示。压差盘隔膜分成左、右室，左室与大气相通，右室与风机负压嘴相通。风机正常工作下在蜗壳内形成负压传递到右室，在隔膜左右形成负压差。隔膜在负压作用下向右移动，闭合微动开关触点。当风机负压降低，隔膜在弹簧力作用下复位，微动开关断开，断开信号反馈给控制器，控制器做出相应的反应动作。维修人员可以通过调整调节螺钉改变风压开关的最低动作压力。

5. 水流传感器

水流传感器包括开关式和霍尔转子流量传感器两种，如图7-7所示。开关式水流量传感器只有水流开关的作用，而水流量传感器除了具有这种开关功能外，还能够判断进入热水器的水量的多少，是智能恒温型燃气热水器实现快速调温、快速恒温的一个重要部件。

6. 显示器和控制器

控制器是热水器的中枢，由微机程序控制。它的工作原理是通过检测监测点信号，驱动控制点动作。控制的监测点有：启动开关（微动开关）监测、风压

a)

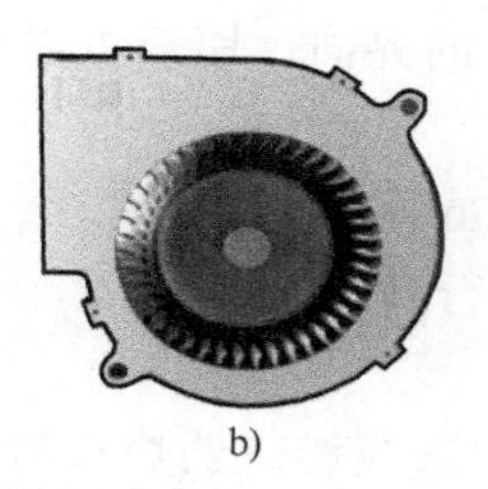

b)

图 7-5　热水器风机总成

a）抽风式风机　b）鼓风式风机

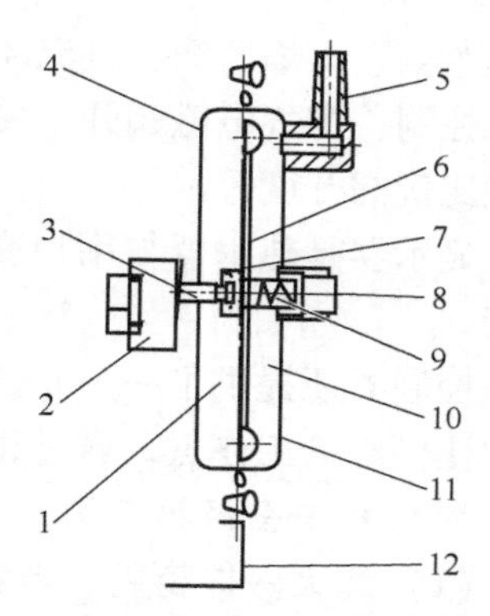

图 7-6　风压开关的结构原理

1—左压室　2—微动开关　3—开关小轴　4—下盘组件　5—负压嘴　6—隔膜座　7—隔膜　8—调整螺钉　9—弹簧　10—右压室　11—上盘组件　12—支架

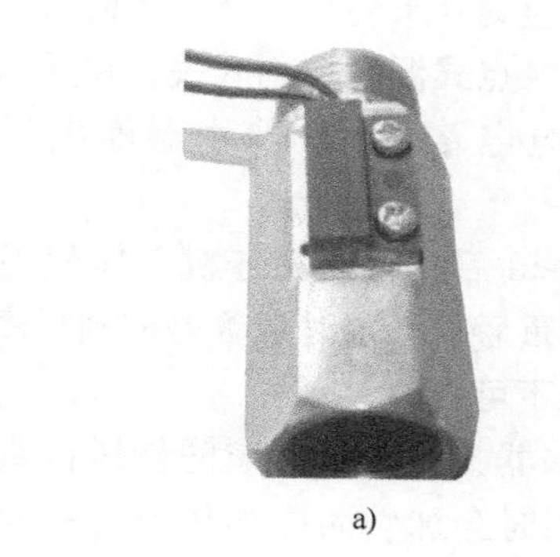

a)

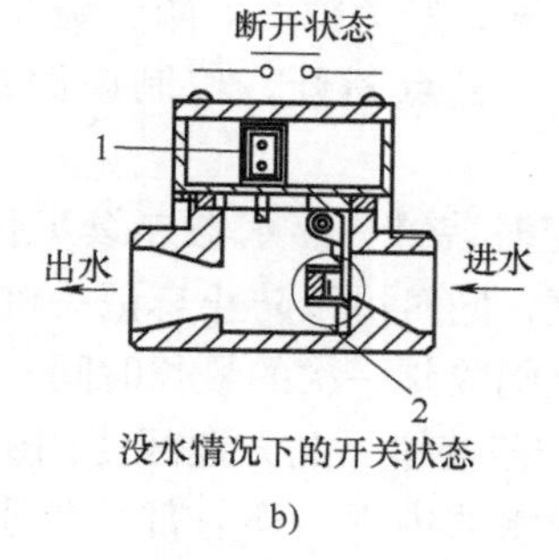

b)

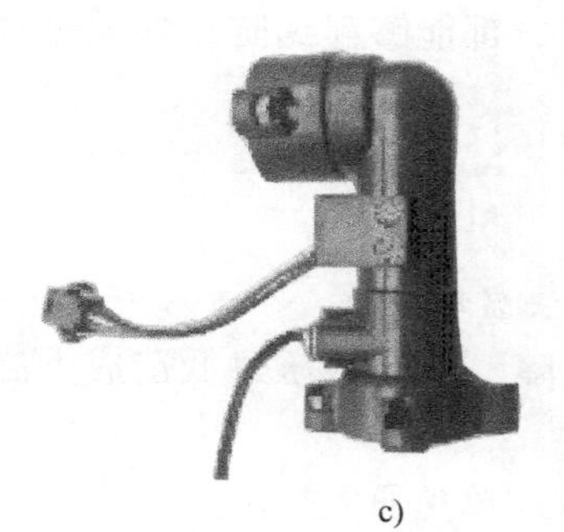

c)

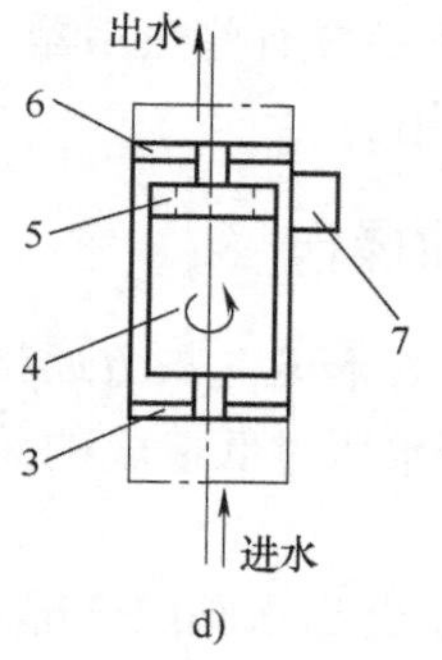

d)

图 7-7　水流传感器

a）开关式水流量传感器　b）开关式水流量传感器的结构原理

c）霍尔水流量传感器　d）霍尔水流量传感器的结构原理

1—开关　2—永磁铁　3、6—支架　4—叶轮　5—磁环　7—霍尔器件

开关监测、火焰监测、直流风机转速检测、水温监测等。控制点有：风机启停和双速控制，燃气电磁阀开、关控制，脉冲的点火启动以及点火时间、次数控制、燃气比例阀开度等。

显示器是热水器与用户交互信息的界面，用户可以通过显示器进行调温和设定。

控制器还提供了一个专供专业人员调试使用的后台，能通过参数设置选择风机和比例阀的工作点，通过显示器进行操作。

7. 常规安全保护装置

（1）熄火保护装置　当意外原因造成燃烧器熄火时，熄火保护装置能够发出信号，关闭燃气供应，热水器停止工作。早期产品采用热电偶，现在一般都采用感焰装置。感焰装置是利用空气被加热后，产生离子导电的原理来监测火焰状态的。

（2）水温传感器和防干烧开关　水温传感器时刻监测出水温度，既可作为温度监测也可以作为高温保护，当控制器检测到水温高至某一数值时，关闭电磁阀，切断燃气，避免烫伤。防干烧开关是触点式温度控制开关，在无水或少水的高温情况下，触点断开，控制电路或供电电路断开，热水器停止工作，防止空烧。

（3）定时装置　热水器连续工作 20min 后，将自动停机，提醒用户注意室内是否缺氧，同时可以防止忘记关机的严重后果。定时装置是控制程序设定的控制燃气电磁阀吸阀一次的最长时间，用户不可更改。

（4）防冻装置　北方地区使用的热水器，一般会加装防倒风接头，防止冷风倒灌到热水器内部。还有部分热水器同时会加装防冻加热器（一般为陶瓷加热器）。这两种装置有些热水器会同时存在，都能够起到防止冬天热水器内部水管路冻裂的作用。

七、技能操作

1. 诊断水压和燃气压力过低造成的无法启动故障

（1）诊断水压过低造成的无法启动故障　诊断水压过低造成无法启动的方法如下：

1）将热水器出水阀门全部打开，混水阀单独通入热水。

2）将热水器进水阀门全部打开，观察出水量大小。

3）若出水量偏小，再打开其他用水龙头，出水量进一步变小且明显，说明水压低或水路不畅。

4）进一步测试偏低程度。对于水流控制自动恒温机型，开机无反应，说明水压低于 0.02MPa，水量低于 3L。对于采用水气三阀结构的机型，低温能点火

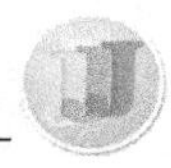

但不着大火，需要调节最高水温才能着大火，说明水压为0.03～0.04MPa。调节最高水温后仍不着大火，说明水压低于0.03MPa。

5）采用压力计测量验证判断正确性。

（2）诊断燃气压力过低造成的无法启动故障　供气压力或燃气管道堵塞，以及二次压力调节不当，都可能导致点火失败，以致热水器无法启动。诊断燃气压力过低造成无法启动的方法如下：

1）确定气路排空完成，采用正常方式点火操作，经多次点火失败，但可闻到燃气臭味。

2）经过连续点火，伴有爆燃现象或点着后火苗极低、自动熄火。

3）经过上述两种情形可基本判定是气压低引起的点火失败和无法启动。

4）最后使用测压计测量燃气压力作最终确认。

2. 目测诊断点火针、反馈针的位置和距离以及地线安装是否正确并排除启动故障

诊断需要在通水、通电、通气条件满足使用要求的情况下进行，故障排除可在关闭水阀的基础上进行操作和调整。

1）选择关闭气阀、水阀、电源，打开热水器面盖。

2）目测点火针是否正对放电电极，距离是否为4～6mm。若不符合这一要求，可用尖嘴钳进行微量整形调整或松开重装调整。

3）目测反馈针是否在火孔正上方，并与火孔的距离为5～8mm，否则可用尖嘴钳进行微量整形调整或松开重装调整。

4）观察控制器的地线是否安装在燃烧器特定的安装孔位上或与燃烧器构成良好回路的固定点上，检查这一连接是否稳固可靠，如果安装条件未达到构成良好接地回路这一要求，应重新固定或换位安装。

5）完成目测和纠正处理后，通电、通水、通气试机，热水器若能够正常启动，说明故障消除。

6）试机结束后，安装好面盖、旋钮，并清洁现场。

3. 对进水端过滤网堵塞造成的无法启动故障进行诊断和排除

1）向用户了解在使用热水器的过程中，是否存在水温较之前变化的情况以及是否明显感觉家中水压降低等情况，初步判定堵塞的可能性。

2）现场间接了解进水堵塞的可能性。打开热水器进、出水阀门和其他用水点的水龙头，比较热水器出水流量和其他水龙头的出水量差异。如果出水量差异不大，热水器无法启动，说明不是水路堵塞的问题；如果明显感觉热水器出水量较其他用水点的出水量要小，说明存在过滤网堵塞的可能。

3）直接查验过滤网是否堵塞。卸下进水连接口，检查进水接头过滤网是否有堵塞物并将堵塞物冲洗与清除干净，清除干净后再安装好进水管。

4）启动热水器进行验证。如果热水器启动正常，则可确定是因为进水堵塞才导致了热水器无法启动。

4. 对因外界风压过大或排烟管道堵塞等造成的故障进行诊断和排除

1）在确认气压和水压正常的情况下，打开热水器控制阀门启动热水器，如果风机能正常启动，但点火工作不启动，则可以确定是风压开关没有闭合。可能存在的故障是风压开关、烟管堵塞和外界风压过大。

2）拆下排烟管，重新打开热水器控制阀并启动热水器，如果点火和着火正常，说明风压开关正常，启动故障是由于烟管堵塞和外界风压过大所致。

3）将烟管在室内加装到热水器上并开机继续实验，如果点火和着火正常，说明前期故障是受外界风压过大的影响所致；如果能点火但不着大火且中途熄火，说明前期故障是烟管堵塞造成的。

4）如果判定故障是风压造成的，可使用风压计进行测试验证，验证并确认后还需加装防风帽或改变烟管安装位置和方式，尽量回避烟管迎风受压。如果确定故障是烟管堵塞造成的，尽可能清除堵塞物，然后重新安装和更换堵塞无法复原的排烟管。

5. 对电源、电池、出水端冷热水混水阀调节不当等造成的无法启动故障进行诊断和排除

在检查和确定水压、输入气压均已达到热水器使用条件的前提下，可进行下面的诊断和操作。

（1）诊断电池无电造成的无法启动

1）打开进出水阀门，启动热水器，检查点火和电磁阀吸合状况。如火花弱、发红、间断，脉冲间隔长，爆燃，点火掉阀，可判定为脉冲控制器本身故障或由电池供电不足引起的故障。

2）若更换电池后点火恢复正常，说明点火问题是由电池造成的。

（2）诊断电源供电问题导致的无法启动

1）启动热水器，观察点火和风机转速变化情况。

2）若无点火动作，且风机启动过程缓慢，且短接风压开关接线后能点火，说明风机供电电压不足。

3）采用万用表测量变压器和电源电路的输入和输出电压，若有电压不符要求的情况，则说明故障是由电源故障引起的。

（3）诊断出水端混水阀调节不当导致的无法启动

1）检查和确认混水阀的热水侧。打开进水阀门，将混水阀手柄分别向左、右方向拧至最底端，观察热水器的点火情况。如有点火，点火侧为热水管路。若均无点火，说明不是混水阀调节不当引起的故障。

2）将混水阀打向热水侧并开启，热水器点火、着火都正常，说明热水管路

水压正常。

3）将混水阀打向中间，检查点火和着火情况，然后逐步向冷水端进行调整和检查，直至不能着火位置为止，此处为混水点火极限点。告知用户不要越过此位使用。

6. 判断因热水器控制程序参数设置不当造成的故障

热水器控制程序参数设置包括：机型拨码、程序代码的选择，主控制器短接端口短接情况，以及燃气比例阀二次压力参数，燃气与风速匹配参数等。判断参数设置是否正确的具体步骤如下：

1）将热水器插上电源并通电。

2）按下显示板上的开/关机键。

3）观察显示是否正常，若显示不全或显示乱码，则可能是控制程序参数设置不当引起的。

4）查看对应厂家产品电控功能说明书或产品维修指导书，重新调校并确认主控制器型号拨码、程序代码参数，观察主控制器上的短接端口，核对端口正确短接即可。

5）重新上电，按下开/关机键，若显示正常，打开水阀和气阀，启动热水器运行。

6）观察热水器的燃烧状况，边观察边适当调节热水器的设置温度。

7）若出现小负荷时风速过高而吹熄，或热水器出现不恒温问题（水温忽冷忽热、冬天水不热、夏天水太烫问题），出现这种现象一般是比例阀二次压力控制程序参数设置不当引起的故障。产品没有调对比例阀燃气二次压力的大小参数，高端和低端要求的参数相差太大。具体处理方法是，按照厂家产品电控功能说明书或产品维修指导书，重新校验燃气比例阀阀后的二次压力，确保阀后燃气二次压力参数符合要求。

8）重新试机，热水器正常控制且工作无异常，说明故障得以排除。

第二节　燃烧故障

一、气源成分、点火故障等原因造成爆燃故障的排查

爆燃是燃气与空气混合后的急剧燃烧现象。爆燃噪声一般超过 85dB，此时燃烧火焰及急剧燃烧产生的气浪大都溢出燃烧室。

引起爆燃的根本原因是进入燃烧室的燃气没能及时点燃，点燃时燃气已积聚过多。引起燃气积聚的原因有两个：一个是燃气正常点火故障，另一个是点火正

常燃气不正常。

1. 用错气源引起爆燃事件的排查

用错气源，例如低压气源（人工煤气压力为1000Pa）错用成高压气源（天然气压力为2000Pa）或高压气源（液化石油气压力为2800Pa）机型错装到低压气源（天然气压力为2000Pa）上，都极易出现爆燃。主要是某一型号的热水器，低压气源的喷嘴较高压气源大，错用成高压气源后点火出气量过大，易引起爆燃。相反，气量过小，点火困难或引燃滞后，导致爆燃。气源成分不符，除了爆燃外，必然伴随其他燃烧问题。将低压气源错用为高压气源必伴有黄色火焰、回火、离焰、黑烟等情况。将高压气源错用为低压气源，必然火小、传火时间长。因此，气源成分改变导致的爆燃，可以通过点火成功率、火焰状态和传火时间来判定。

2. 点火故障引起爆燃事件的排查

点火故障包括点火状态故障和点火控制器故障。点火针位置、点火距离、电极漏电等都会引起爆燃，排查方法简单，前面内容已讲，这里不再重复。需要特别提示的是，有一种不属于点火故障且极易引起爆燃的问题：脉冲控制器点火，以及吸阀时序接近、同步或颠倒。正常点火、吸阀次序和间隔时间是：先产生脉冲，再滞后2s后电磁阀吸合。

3. 燃气压力引起爆燃事件的排查

燃气压力超高或超低都可能产生爆燃，但相对而言，压力超高产生爆燃现象的机会更大且爆燃威力比压力低时要大。燃气压力超低（例如减压阀堵塞）导致的爆燃，主要由点火燃气密度低，传火速度慢造成。由于燃烧室的混合气浓度低，低压爆燃的威力要小。气压引起的爆燃，可以通过听气流声音、火焰大小、火焰状态来初步断定气压高低，然后通过测量气压来加以验证。

4. 空气匹配引起爆燃事件的排查

由于热水器没有可调风门，空气匹配过量引起的爆燃，可以理解为点火排的喷嘴堵塞引起的空气过量，因此排查点为喷嘴堵塞。

通过前面的内容，我们已经全面认识了燃气燃烧速度与成分的关系，因此燃烧稳定对燃气具具有重要的意义。这里再从热水器产品的特殊性来说明燃烧稳定性的问题。

1）由于热水器燃烧器没有可调风门，因此燃烧器的适应性较差，对燃气压力、热值、喷嘴大小及其同轴度等要素的要求更为严格，否则燃烧工况会严重破坏。

2）由于热水器负荷大，产生的烟气量大，产生的有害气体总量要高，因此对烟气中CO含量的限量值要低。

3）由于燃气热水器燃烧器采用燃烧器阵方式，每个燃烧器的喷嘴直径小，

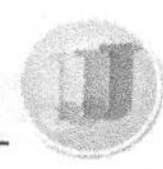

容易堵塞，需要经常清理。

4）由于热水器燃烧室是密闭空间，点火故障时易出现威力很大的爆燃，因此要经常检查点火系统的运行状况。

5）由于燃气热水器需要安装烟管且燃烧稳定性受外界气压影响大，所以要做好烟管的防风及防堵塞处理。

6）由于强鼓式热水器燃烧室非常小，所以产生的微弱燃烧振动就会产生共鸣和噪声，严重时还会出现干扰性回火。

二、热水器燃烧爆燃、回火、离焰、黄焰等现象的产生机理

首先需要了解发生爆燃、回火、离焰、黄焰的现象和产生机理，根据发生的现象逐步排查各个零部件的问题，从而解决燃烧异常问题。

1. 热水器爆燃的产生机理

热水器爆燃的产生机理是进入燃烧室的燃气没能及时点燃，积聚到一定程度后被瞬间点燃，从而引起较大的爆鸣声响和较大火球。爆燃就是点燃小范围内积聚过多的燃气混合气。从热水器来讲，引发爆燃的最主要原因是点火故障，而且爆燃和机型有直接关系。

2. 热水器回火的产生机理

热水器回火是指火焰在燃烧器内部燃烧的现象，它是因为燃气的燃烧速度快于燃气的喷出速度而造成的。

在燃气热水器中可能出现以下几种回火现象：

1）低负荷回火，它是指由于燃烧器负荷降低而引发的回火。

2）喷嘴堵塞引起的回火。

3）燃烧器火孔堵塞引起的回火。

4）燃烧器烧坏开裂、火孔变大引起的回火。

5）熄火回火。它是指快速关闭燃气阀时出现的回火。因燃气阀已关闭，所以火焰立即熄灭，这种回火不会对热水器使用带来危害。

3. 热水器离焰的产生机理

出现离焰（脱火）会导致烟气中CO的含量明显升高，这是热水器正常运行所不允许的。判断火焰是否离焰（特别是轻微离焰）带有一定的主观因素，在实际操作中需要加以注意。

1）供气压力过高，导致流速高引起离焰。

2）负荷设置过大（喷嘴过大）、火孔流速大导致离焰。

3）抽风或鼓风风量过大导致离焰。

4）非人工煤气产品使用了人工煤气燃烧器导致离焰。

5）排烟口遇到强风吸排引起离焰（脱火）。

4. 热水器黄焰的产生机理

黄焰是由于燃烧不充分所致。热水器出现黄焰的情形有如下几种情况：

1）燃气热值和成分改变引起一次空气减少引起黄焰。

2）喷嘴安装不到位或堵塞，导致引风效果变差引起黄焰。

3）火孔杂质引起黄焰。

4）烟道式热水器低负荷运行引起黄焰。

5）火排引射堵塞引起黄焰。

6）烟管堵塞引起黄焰。

三、燃烧器一次空气量匹配对燃烧的影响

判断燃烧器一次空气量匹配对燃烧的影响主要通过两个方面，第一个就是观察燃烧工况，第二个就是分析燃烧产物。

（1）观察燃烧工况　首先观察火焰的颜色，可以判断出是否为黄色火焰，然后观察火焰的外形，不同的燃烧情况火焰会呈现不同的形状，特别是对离焰和脱火是较容易判断的。另外，火焰的高低与一次空气系数有很大关系，随着一次空气系数的增大，火焰高度逐渐变小。火焰的稳定性也与一次空气系数关系密切，随着一次空气系数的增加，火焰趋于不稳定的状态，如果火焰抖动厉害，很可能是一次空气过大导致的。

（2）分析燃烧产物　烟气中氧气和一氧化碳含量也能反映出燃烧过程中空气的供给情况，一般在离焰之前，随着一次空气量的增大，烟气中的一氧化碳含量逐渐减少而氧含量逐渐升高，而当一次空气量过多导致离焰之后，继续增加一次空气量会导致烟气中的一氧化碳和氧含量一起升高。

四、技能操作

1. 对气源成分不符引起的爆燃故障进行诊断和排除

低压气源错用高压气源时易出现爆燃。

1）首先应观察用户使用的是瓶装燃气还是管道输送的燃气。

2）若用户使用的是管道输送的燃气，应与用户了解及核实燃气的种类，必要时可致电供气燃气公司核实气源的种类和成分。

3）核实清楚气源的种类和成分后，应核对与热水器铭牌标示的适用燃气种类是否一致。

4）若用户使用的气源与热水器标示的燃气种类不符，需更换对应燃气种类的产品处理。

注意：气源与热水器的适用燃气种类不符时，热水器不得提供安装服务及不得使用。一般由于气源不符，火焰也会表现出很特殊的燃烧工况。例如，使用天

然气的热水器如果接通了液化石油气，会出现难点燃或出现点火爆燃，点着火之后也会出现明显的黄焰，并伴随着刺鼻的燃烧产物臭味。若使用液化石油气的热水器接通了天然气，一般也很难点燃或出现点火爆燃，即便能点燃也会出现火苗非常小，水烧不热的现象。若使用人工煤气的热水器接通了天然气或液化石油气，情况就会更加糟糕，极易出现点火爆燃（甚至发生安全事故），即便点燃也会出现严重黄焰，并且排烟口冒黑烟，散发出刺鼻的燃烧产物臭味。故气源与热水器的适用燃气种类不符时不得安装和使用产品。

2. 对放电点火距离偏差、气路堵塞、点火器故障引起的爆燃故障进行诊断和排除

（1）对点火器故障引起的爆燃故障进行诊断和排除

1）关闭热水器的进气阀门。

2）打开水龙头并启动点火，观察和听辨点火过程中的点火声音、点火和吸阀顺序以及火花状态。

3）若存在电磁阀吸合早于点火、脉冲断断续续、火花弱发黄等现象，基本可判定爆燃的根源在于点火器故障。

4）更换脉冲点火器，开启燃气实测，若再无爆燃现象，说明判断准确，故障根除。

（2）对放电点火距离偏差引起的爆燃故障进行诊断和排除

1）关闭热水器进气阀门，启动热水器。

2）若点火次序正常、脉冲频率正常，观察电火花是否在燃烧器正上方有效穿越火孔。如果电火花不在燃烧器正上方有效穿越火孔，有可能导致燃气的堆积而出现爆燃，要用钳子调整点火针的位置。电火花与热水器火孔位置示意图如图7-8所示。

3）观察点火针尖端与被点燃燃烧器之间的点火距离，一般点火距离为4～6mm，如果点火距离过大也会导致点火的频率下降，此时可以用钳子调整点火针的位置，确保点火距离为4～6mm。

（3）对气路堵塞引起的爆燃故障进行诊断和排除

1）首先确认无点火器故障爆燃、点火位置偏差爆燃、气压偏差爆燃和气源偏差爆燃等现象。

2）如果爆燃后可继续正常着火，可通过观察火排火焰大小、状态来判断气路是否堵塞。

3）在全负荷状态下，全部火排火小，可能是供气主管路堵塞；如果部分火排火小，则可能是对应的喷嘴堵塞；如果火排整排为黄焰，则可能是引射管堵塞（引射管堵塞不会爆燃）；如果点火火孔出现无火、火小、黄焰，则为火孔堵塞。

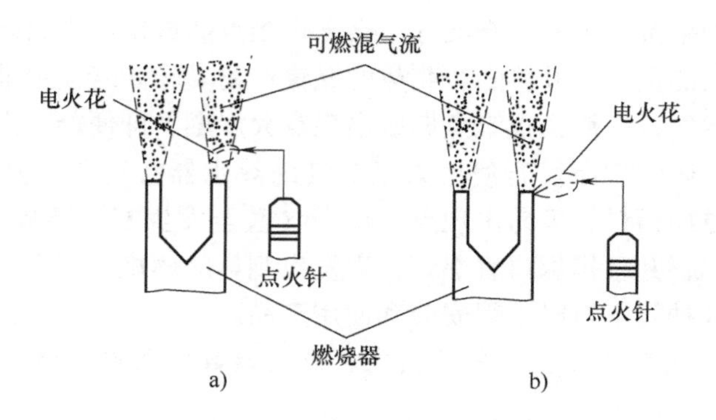

图 7-8　电火花与热水器火孔位置示意图

a）正确　b）错误

4）在气阀关闭状态下，拆解火排喷嘴部分，清理碰嘴。

5）清理完毕后安装复原，再试机复查是否存在爆燃。如果爆燃消失，说明故障排除。如果爆燃仍未消失，下一步是排查气阀堵塞或设置问题，直至爆燃消失。

6）故障排除后要进行气密性检测。

3. 对燃气压力过低、燃气通路堵塞造成的回火故障进行诊断和排除

燃气压力过低、燃气通路堵塞都会造成回火故障。

（1）对燃气压力过低造成的回火故障进行诊断和排除

1）确认存在回火现象。

2）观察火力状况，是否存在火小、水温低现象。

3）若存在黄焰现象，但火力均匀。至此，可以主观判定为回火由气压过低引起。

4）通过测试燃气压力验证判断的准确性。燃气压力过低时，如果用户使用的是管道气，可通知燃气公司升压或进行管路检修；如果用户使用的是灌装液化石油气，应更换减压阀。

（2）对燃气通路堵塞造成的回火故障进行诊断和排除

1）确认存在回火现象。

2）观察和确认是个别火排火小、黄焰、黑烟情况，这种回火故障由喷嘴或引射管堵塞造成，可处置喷嘴和引射管使故障排除。观察和确认存在整体火小、水温偏低现象，这种回火故障由气压低或前端管路堵塞引起，需要继续排查。

3）测量进气压力，如果压力正常，则可以判定属于阀内通路堵塞，需分解阀体进行检查并清理堵塞。

4）清污去堵后将阀体安装复原，安装后要检查气密性。开机验证，回火故障消失。

4. 对燃气压力过高或一次空气量匹配不当造成的离焰故障进行诊断和排除

（1）对燃气压力过高造成的离焰故障进行诊断和排除　诊断步骤和排除方法如下：

1）确认存在离焰现象。

2）确认是整体离焰。

3）确认存在燃烧噪声过大、火力过猛、水温偏高的情况。

4）初步确认是燃气压力过高导致的离焰，采用压力测试并最后确认。

5）确认燃气压力过高后，需更换燃气减压阀或加装管道燃气减压阀。

（2）对一次空气量匹配不当造成的离焰故障进行诊断和排除　一次空气量匹配不当出现在鼓风式热水器上，诊断步骤和排除方法如下：

1）首先排除离焰不是由排烟受到外界强力扰动引起的。

2）启动进入常规运行，观察火焰燃烧状态，判断是否发生离焰现象以及离焰的严重程度。

3）对于个别火排离焰，属于鼓风挡板配风不均匀造成的个别一次空气量匹配不当，可通过封孔分流的方法加以排除。

4）整体离焰且离焰程度严重，是由鼓风量过大造成的，可采用降低风机转速或调小风机进风口等处理方式。排除燃烧器整体离焰故障后，要测定烟气是否合格。

5. 对一次空气量不足造成的黄焰故障进行诊断和排除

1）首先确认存在黄色火焰现象，其次是观察并了解黄焰的严重程度和发生率，根据严重程度和发生率做下一步判断。

2）如果是全部黄焰且程度严重，说明是气源成分变化所致的整体一次空气量不足，需要通过调整气源、缩小喷嘴、加大风机转速或更换燃烧器等方法进行处理，整体黄焰将消失。

3）如果是局部黄焰，可能是黄焰火排对应的喷嘴、喷嘴管安装不当或引射管堵塞，导致引射能力差，一次空气量不足；需将喷嘴、喷嘴管安装调整正确或清理引射管，黄焰消失。

第三节　出水温度异常

一、热水器额定热负荷、额定进水压力与正常运行的关系

1. 热水器的主要参数

根据燃气快速热水器的定义，我们知道，燃气快速热水器的工作原理是利用

燃气燃烧的热量，通过热量的转换和吸收，快速加热通过热交换器内流动的水，为居民提供“即开即来”的生活热水。

热水器产热水能力的高低，首先取决于加热能力的大小，也就是热水器热负荷 Φ（热流量）的大小，其次取决于对热量利用率的高低，也就是热效率 η 的高低。热水器的主要参数如下：

（1）热水器的额定热负荷　热水器的热负荷是指在单位时间内燃气在热水器中燃烧所释放的热量。额定热负荷（额定热流量）是指在规定的标准基准气条件下的热负荷，单位为 kW（1kW = 3.6MJ/h），是铭牌上的标称值。

最小热负荷（最小热流量）是指在额定燃气压力下，热水器处于最小的燃气流量状态下工作时的热负荷。这是产品的个性化指标，在《家用燃气快速热水器》（GB 6932—2015）中没作限定，但值得注意的是热水器运行在最小热负荷状态下的火焰状态以及烟气排放指标。

（2）热水器的额定产热水能力　产热水能力是以额定压力的基准气为测试条件，热水器工作在最大热负荷状态下，供水压力为 0.1MPa，温升折算到 Δt = 25K 时每分钟流出的热水量，因此也称为热水产率。

额定产热水能力（额定热水产率）是厂家给出的产热水能力，在产品铭牌中标示。让用户在购买时，了解额定热负荷和额定热水产率是有必要的。假如北方用户购买的是小功率的热水器，在冬季自来水温度很低甚至是接近冰点时，就明显出现热水器加热能力不足的现象，要么水温上不去，要么水量很小。如果再叠加到冬季用气量大的高峰期，供气压力较低，水温较平常低 3 ~ 5℃ 都是正常现象。所以，建议北方地区用户购买 12L（约 24kW）以上的大功率热水器比较合适。

（3）适应水压和额定进水压力　适用水压是指热水器在正常工作时所能承受的最大和最小供水压力（静压），在《家用燃气快速热水器》（GB 6932—2015）中没有规定限值，是厂家自行在铭牌中标识的指标，大多数标称在 0.02 ~ 1MPa。额定进水压力为 0.1MPa。

2. 热水器额定热负荷、额定进水压力与正常运行的关系

额定热负荷可以理解为热水器在额定工况下的加热功率或是燃气的输入功率，也就是加热能力。额定热负荷越大，能加热的水就越多，热水产率越高，能提供更多的用水点。热水器运行在额定热负荷状态下，燃烧工况最好，热效率高且节能效果良好。

热水器运行在 0.1MPa 的额定进水压力下，能保证热水器具有稳定的出水量和最大水量调节范围。这意味着，在额定热负荷和额定进水水压状态下，热水器的每个工作点都可运行在“恒温恒流”工况下，用户也可获得最好的温度调节和水量调节，可供多点用水。

二、热水器额定燃气压力、气源成分、启动水压与正常运行的关系

燃气压力和气源成分对热水器的热负荷产生直接影响。额定燃气压力和稳定的燃气成分相当于热水器热负荷，使得热水器具有良好的燃烧工况和产热水能力。

气源成分变化会改变燃烧的热值和燃气的燃烧特性，气源成分变化在热水器的适应范围内时，对正常运行没有影响。如果成分改变使得热值减低，热负荷减低，产热水能力下降，在同等用水量情况下水温下降。反之，影响最小热负荷，直接抬升最低温升。

当启动水压低于适用水压的最低值时，燃气热水器是不能启动运行的；水压较低时，水量调节范围变窄，热水器需长期运行在低负荷状态，影响产热水能力的发挥。如果需要释放产热水能力，需要增加增压增量设备。

三、热水器的正常使用要求

1）使用稳定气源，确保热负荷恒定。注意燃气管路的畅顺，避免扭曲气管，影响气压，影响热负荷，影响出水温度。

2）确保供水压力的稳定，尽量维持靠近额定水压附近运行，使热水器具有良好的水量调节范围和多点共热水能力；在水压波动非常大时，要安装水路稳定器。

3）选用额定热负荷与用水量、温度相匹配的热水器。

4）使用混水阀调温的，混水调节速度要根据水压而定，水压低时，要缓慢操作，避免熄火。

5）使用压差式水气联动装置的热水器，尽量要先开气后开水，避免发生爆燃现象。

四、技能操作

（一）对热水器加热能力不足、进水温度过高或过低、混水阀使用不当等原因引起的水温异常故障进行诊断和排除

1. 对热水器加热能力不足、进水温度过低引起的水温异常故障进行诊断和排除

1）测量和确认燃气压力正常、气源准确，能保证热水器输出额定热负荷。

2）测量热水器的产热水能力，判定热水器的实际加热能力。具体操作方法如下：

① 将热水器火力调至最大，调节水流量使热水温升保持在25K。

② 测量热水器每分钟的出水量（此值为实际产热水能力）。

③ 比较实测产热水能力和额定产热水能力（铭牌的标称值），如果热水产率不小于额定产热水能力的 90%，表明产热水能力合格。

3）通过测量及验证实际产热水能力后，做好解释，建议用户调小水量使用，如果用户水量还是太小，建议更换热负荷更大的型号使用。

4）经过测量，判定热水器加热能力合格，如果在平常基本能达到使用要求，而遇到冬季进水温度过低，就要降低出水量，以达到平常的热水温度。

2. 对进水温度过高原因引起的水温异常故障进行诊断和排除

1）测量和确认气源、气压、水压符合热水器额定使用条件。

2）测量最小热负荷值，判定是否符合标准要求。将火力调至最低，调节水量使得温升保持在 25K，测量热水产率，如果测量值不大于额定产热水能力（额定热水产率）的 35%，表明热水器最小热负荷设定合格。测量值越低说明调节范围越大，调节能力更强。

3）测定最低温升，判断低温调节能力。保持最小火力，将水量调至最大，测量温差，温升小时低温调节能力强。在最低温升条件下，水温仍高，说明水温过高是由于进水温度过高引起的。

4）在最低温升条件下仍达不到低水温的要求，则需要通过在用水端安装混水阀加以调节，或在进水侧加装大流量增压泵增大水流量来处理，或建议用户选用冬夏型或分段式燃烧的机型。对于专业维修人士，技术上还可采用适当调低减压阀供气压力、更换喷嘴、调低比例阀二次压力等方法进行处理。

3. 对混水阀使用不当等原因引起的水温异常故障进行诊断和排除

混水阀的正确使用能较好解决用水调温问题。但是，若混水阀使用不当也将导致调温异常。此时可以根据操作方式和结果来判断正确与否。

1）了解水压条件。

2）了解混水阀的安装方式和使用情况，确定问题点：是水温调节不上去，还是水温调节不下来，或者是混水熄火。

3）根据使用结果查找问题，提出解决办法：

① 出水量大，水温调节不上去。此时可调大热水比例或单向使用热水。

② 经常混水熄火，几乎起不到调温作用。由于这种情况是由供水压力偏低或混水阀质量较差所致，建议采用单热水启动，缓慢混水调温，也可以通过加装增压泵得以改善。

③ 水温跳跃式变化或熄火。这种情况是由混水阀质量较差和操作过快造成的，应采用渐进式调节方式并逐渐掌握使用规律，获得较好的使用效果。

④ 没有使用混水调温功能的，出现偏冷偏热现象。在这种情况下应合理利用混水功能进行调温。

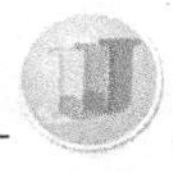

（二）对燃气压力、成分变化、供水压力等原因造成的出水温度异常故障进行诊断和排除

1. 对燃气压力和成分变化造成的出水温度异常故障进行诊断和排除

燃气压力和成分变化，均会改变热负荷，进而影响出水温度。此时可通过以下步骤进行诊断和排除。

1）首先确认水压和管路是否正常及变化情况。

2）了解水温倾向是“偏高”或“偏低”，还是“忽高忽低”。

3）通过观测火焰状态和手感水温，粗略验证所反映异常的倾向性。

4）通过开启灶具得到验证（同样存在与气源相关的同性质问题），从而排除热水器本身问题的原因。

5）直接测量进气压力，将测量结果与水温异常结果进行比对，如存在关联性，说明水温异常与气压变化有关。解决方式是：若使用的是灌装液化气可更换减压阀，若使用的是管道燃气应请燃气公司帮忙解决；如无关系性，则属于气源匹配问题。对于初装的热水器要更换机型处理，对于老用户则需要找燃气公司解决。

2. 对供水压力原因造成的出水温度异常故障进行诊断和排除

水温异常一般有三种情况：水太烫、水不热、水温忽冷忽热。诊断水温异常是否因供水压力引起时，一般通过使用水压表。具体诊断和排除步骤如下：

1）按照相关规范正确安装水压表。

2）测量进水水压，判定水压高低并做相应处理：

① 如水压低于0.06MPa，夏季可能水温过高；如水压低至0.03MPa的维持水压，夏季将无法调低水温。解决方法是：一是扩大水路通畅度，减少水流损失；二是加装增压泵。

② 若水压偏高，一般水压高于0.4MPa时，水量偏大，冬季会引起水不够热问题。解决方法是：调小热水器水路前后端水阀门，增大阻力，减少流量；当水压接近1MPa时，可加装水减压阀。

③ 测量发现水压波动明显，会引起水温忽冷忽热的现象。解决方法是：在热水器前端水管上加装水稳压器。

（三）判断出水温度异常是由机器内部故障原因引起还是由用户使用环境外界原因引起

所谓出水温度异常，通常是指热水器流出的热水温度与热水器设置温度有差异或出水温度忽冷忽热。具体诊断和排除步骤如下：

1）向用户了解出现出水温度异常时的初始情况，了解出现异常是突然发生的，还是一个缓慢变化过程。另外，还要明确反映温度异常的人是经常使用的人，还是偶尔使用的人（这样可排除个人主观判断误差）。

2）如果是突发事件，需要进一步了解当时有无改变环境的因素出现。向用户了解是否进行过加装用气、用水设备、管路改装工程或在热水器排烟口位置的搭建工程等；如果有，说明温度异常是外界原因引起或者是关联度很大。

3）向用户了解使用的是液化石油气还是管道气，了解热水器和灶具是否共用同一瓶液化石油气。如果用户使用的是管道气或同一瓶液化石油气，则进一步了解灶具是否发现异常。如无，说明事故与燃气无关；若有，说明温度异常与燃气有关（判断的依据是：燃气问题不会是独立事件，必然引起燃气具存在同质事件）。

4）与燃气的判断同理，向用户了解用水变化情况。向用户了解其他用水，如厨房水龙头是否有明显水压增大或变小的情况。如果有，则进一步了解热水器的出水是否存在相同的变化。如果有相同的变化，则说明水温异常是受外界水压变化原因引起的。

经过上述多方面的了解和排查，基本可以肯定热水器的出水温度异常是本身故障问题。需要进一步进行现场查验后和查找到热水器故障原因及恢复后，才能最终判定故障原因。

第四节　关水后干烧、使用中熄火

一、热水器水气联动控制原理与干烧产生的原因

1. 热水器水气联动控制原理

所有的燃气热水器采用的都是水气联动控制方式，使用最早最广泛的是压差式（机械式）水气联动装置。随着人们对低水压启动的需求，水气联动的控制装置逐渐变化为翻板式水流开关控制，水流开关上的干簧管开关触点与热水器控制器供电电路串联。干簧管磁控管的控制原理是，在热水器进水接头内管处有一块翻板，翻板上有一块永磁铁。在水流停止状态下，翻板与磁铁在重力作用下，遮挡着进水口。当水路打开时，翻板在水流作用下将向上翘起，于是磁铁靠近干簧管，使干簧管接通，控制器开始工作，于是启动燃气阀门和点火等一系列操作。当关闭水路阀门时，水流停止，翻板在重力作用下复位，干簧管也复位断开，控制器失电停止工作，气路关闭。

对于恒温型热水器，其采用的水流量传感器就是水控装置。水流量传感器主要由阀体、水流转子组件、稳流组件和霍尔传感器组成。它装在热水器的进水端，用于检测进水流量的大小及通断情况。当水流通过水流转子组件时，磁性转子转动并且转速随着流量的变化而呈线性变化。霍尔传感器（霍尔元件采样）输出相应的脉冲信号，反馈给控制器，由控制器判断水流量的大小并据此调控比

例阀电流大小，从而通过比例阀控制气量大小，避免燃气热水器在使用过程中出现夏暖冬凉的现象。

水流量传感器从根本上解决了压差式水气联动装置启动水压高、翻板式水流开关易误动作产生干烧（干簧管老化或磁化）等缺点。水流量传感器由于具有反应灵敏、使用寿命长、动作迅速、工作可靠、连接方便、超低流量启动（1.5L/min）等优点，而被广大用户及消费者广泛接受。

2. 热水器干烧产生的原因

干烧是指热水器进水停止后燃气继续燃烧的现象。为避免在偶然出现干烧故障时不致损坏机器，热水器设置了防干烧保护装置。其采取的措施是，在换热器部位安装温控器或在水箱背面靠近换热器部位安装熔丝，当所处温度达到设计保护温度时，温控器动作或熔丝熔断，使燃气阀立即关闭，热水器停止工作。

产生干烧的原因就是水气联动装置功能失效。因热水器采用的水气联动装置的结构不同，原因也不同，下面将分类说明。

（1）压差式水气联动装置失效引起干烧的原因　产生这种现象的原因之一是，推杆不能复位，微动开关不能关闭。而引起推杆不能复位的原因有推杆被微动开关卡死、推杆锈蚀以致阻止复位、推杆被水阀稳压器阻挡。另一个原因是，微动开关锈蚀以致复位失效，以及联动阀的气阀垫有异物致使气路敞开。

（2）翻板式水流开关引起干烧的原因　产生这种现象的原因之一是，停水时，翻板卡死不下坠，磁控阀没断开，控制电路没断开，气阀未关闭；另一个原因是，干簧管老化或磁化导致翻板复位后触点没断开，控制电路没断开，气阀未关闭。

（3）水流量传感器引起干烧的原因　水流量传感器变送电路和控制电路失效，以及程序失效、燃气阀门关闭失效等，也会产生“干烧”现象。但相对而言，出现这种现象的概率比较低。

二、热水器运行水压或水流量过低造成的中途熄火

热水器的控制原理是水气联动控制，其本质是由水压或水流单向控制燃气的开启和关闭，没有逆向控制机制。这种水控方式既方便使用，也能起到对热水器、使用者很好的保护作用。

为了平衡既方便使用又具有可靠的保护作用，热水器对控制的水压和水流量都设置了最低要求。当热水器刚好运行在这种临界状态下时，就会遇到中途熄火的情况。

对于采用压差式水气联动装置的热水器，其实质是一种靠动态压差来维持平衡的装置，如果水压过低，压差推动的位移正好维持在联动阀门的开启态势，当出现其他龙头打开致使水压波动时，联动阀门关闭，切断燃气供应，热水器熄

火。这就是所谓的中途熄火现象（非关水操作的熄火）。

对于使用翻板式水流开关的机型，也是同样的道理，水压或水流必须达到一定的值才能推动翻板上翻，当水流推力与翻板自重相当时，翻板维持原状，一旦水压向下波动，平衡打破，翻板下坠，热水器将会出现中途熄火现象。

对于使用水流量传感器的机型，也是同样的道理，当水流量下降到设定的关停流量值时，主控器发出关闭气阀指令，热水器熄火。

三、热水器排烟管道排烟阻力过大或外部风压过大造成的中途熄火

1. 对烟道式热水器引起的中途熄火的原因分析

对于烟道式热水器而言，当排烟管道排烟阻力过大或外部风压过大时，自然抽力作用消失，烟气因阻力作用不能外排，燃烧室空气供给量下降，造成缺氧，在缺氧保护作用下，热水器停止工作，引起中途熄火。

2. 对强排式热水器引起的中途熄火的原因分析

强排式热水器在排烟管道排烟阻力过大或外部风压过大情况下，风机排风受阻，风压保护装置（风压开关）断开，控制器指令关闭控制燃气通断的电磁阀，气路关闭，热水器熄火。

总之，排烟管道排烟阻力过大或外部风压过大都会引发热水器保护装置动作，致使热水器中途熄火。

四、热水器各类保护装置故障造成的干烧和中途熄火

从保护功能执行流程上分析，未能有效保护干烧的原因有三种：一种是前端监测失效；第二种是控制中心没有发出关阀指令；第三种是阀门收到关闭指令但执行失败，例如阀门漏气，未能关闭气道。除前面介绍的水气联动装置干烧原因外，其他的保护装置，例如防干烧保护器、防过热保护温控器等因为自身的故障，导致了没能执行响应或执行响应失败就会导致干烧。

若只是保护装置自身存在故障，一般情况下都会自动复位，保护装置复位就意味着断开，便会激发热水器自身的保护机制发挥作用，进而造成中途熄火。因此，中途熄火的范围很广。

五、技能操作

1. 对水气联动阀推杆或水流量传感器故障造成的干烧故障进行诊断和排除

（1）对水气联动阀推杆故障造成的干烧故障进行诊断和排除

1）拆下面盖，检查微动开关和推杆是否复位，检查微动开关是否良好，部件有无被干烧损坏。

2）关闭进气阀，利用前置水阀操作热水器启停一次，观察推杆和微动开关

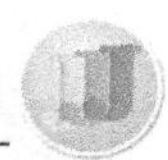

的动作及脉冲点火声，启动过程中脉冲点火应正常，观察复位过程中推杆的缓慢程度和复位情况。

3）打开进气阀，将火力调至最小，打开水阀，此时热水器正常启动和燃烧。

4）关闭水阀，如热水器不熄火或缓慢熄火，则重新快速打开水阀，缓解高温。

5）关闭气阀，熄灭大火。再次观察推杆、微动开关复位情况，若复位动作缓慢，可以确认是推杆故障。

6）拆解水气联动阀，检修推杆，检修后重新装配并测试，干烧消除。

（2）对水流量传感器故障造成的干烧故障进行诊断和排除

1）断开电源，拆开面盖。

2）断开传感器连接线。

3）插上电源，接上传感器连接线，此时如脉冲点火，说明水流量传感器未能正常断开，引起了干烧。

4）更换水流量传感器，插上电源，脉冲应无反应。开水试验，应该恢复正常，干烧故障排除。

2. 对运行水压或水流量变化造成的中途熄火故障进行诊断和排除

1）打开水阀门，启动热水器使其正常运行，将热水器分别调节至最大水量和最小水量，观察出水量的变化情况；对于恒温机型，也应设置到最高温和最低温，用手探测水温变化（小心烫手）情况。

2）如果热水器最大和最小出水量之间的变化不大或设置为最低温时出水温度偏高，说明水压偏低。

3）将热水器调至最大出水量或设置为最低温状态，开启其他用水点处的水龙头，如果发现热水器出水量变化明显，并伴有火力缓慢变小、火苗高度波动或熄火等情况，说明用水水压偏低，变化较大时会引起中途熄火。

4）使用水压表实测水压验证水压是否偏低，测量值应在0.04MPa左右。

5）具体排除方法：一是在使用热水器时禁止使用其他用水，二是安装增压泵。

3. 对排烟管道排烟阻力过大或外部风压过大造成的中途熄火故障进行诊断和排除

（1）适用于烟道式热水器故障的诊断和排除

1）首先确认水压正常、气压正常、混水阀安装和使用正常，排除其他因素引起的中途熄火。

2）检查烟道安装情况，是否正对风口、是否安装了竖管和防风帽等（一定存在安装不规范等问题）。

3）打开面盖，使用小纸片从防倒风口处测量抽吸力，若纸片没有被吸动，则说明抽吸力不足。

4）盖好面盖，启动热水器至最大火力运行，观察启动后的到5min内的火焰状态变化情况。如果观察过程中出现逐渐黄色火焰、离焰等缺氧状态，且情况严重，说明烟道阻力大。拆除烟管再运行5min加以验证，无缺氧变化。

5）具体排除方法是：清除堵塞并按照相关规范安装排烟管。

（2）适用于强排式热水器故障的诊断和排除

1）首先检查和确认热水器中途熄火与水、燃气、使用等因素无关。

2）然后打开面盖，将万用表的表笔连接到风压开关接线端。

3）运行热水器至中途熄火，验证熄火时风压开关先断开。

4）拆除排烟管重复试验，无中途熄火状况。此时可确认为排烟管阻力大致使中途熄火。

5）具体排除方法是：改善烟管安装方式。

4. 对超温保护装置故障造成的干烧不保护故障进行诊断和排除

由于热水器上的超温保护装置一般使用的是常闭热胀式极限温控器，在常温状态下温控器两端处于闭合状态，此时可按如下步骤诊断和排除。

1）根据常闭热胀式极限温控器的结构和工作原理，首先使用万用表测量超温保护装置是断开还是未断开（应为未断开，断开表明已起到了保护作用）。

2）使用控温电烙铁对超温保护装置加热，加热时间约为1min，观察突跳按钮在加热过程中是否凸起，再使用万用表测量接线柱电阻，电阻为零。再加热2min，再次测量电阻值，仍为零，说明超温保护装置保护功能失效。

3）更换超温保护装置，采用上一步骤验证。

5. 对控制器、感应针、电磁阀、地线故障等造成的中途熄火故障进行诊断和排除

在热水器点着火之后的运行过程中，热水器会持续对各个零部件进行维持和不间断监测，包括水、电、气，一旦有一个条件不满足，热水器都有可能立即切断气路，停止加热。因此，需要从多方面排查出现中途熄火的问题。假设中途熄火由控制器、感应针、电磁阀、地线等故障引起，现运用一些简单的方法逐项诊断真正故障出现在哪个部件上。

首先从电路入手，确认由地线、燃烧器、反馈针、控制器组成的火焰监测电路是否处于可靠的检测回路，回路的每个接点是否可靠。从这一思路出发，首先排查的是地线与燃烧器的连接点、感应针与电缆线的连接点和接触面的氧化层，然后再排查控制器和电磁阀。具体操作步骤如下：

1）目测地线接线端子、紧固螺钉有无锈斑，用手测试接地螺钉是否松动。建议松开紧固螺钉检测连接面并重新上好紧固螺钉。

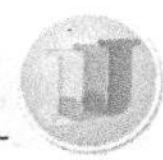

2）卸下感应针、点火针安装支架，取下感应针，检查感应针和电缆连接是否松动。拔出反馈针电缆，检查电缆线和感应针接线端是否有氧化层，感应针感焰头是否熔融、变形、严重积炭等。如有松动和氧化层，打磨感应针接线端和感应头或更换感应针，将电缆末端剪去重新插入反馈针，并安装复位。

3）开机试验，测试中途熄火故障是否消除。若仍未消除，继续排查电磁阀和电磁阀与控制器的连接线。

4）排查对象是电磁阀连接端子和接线头。排查点是电磁阀端子连接柱的氧化层、引线端子的插线是否松动。遇到氧化层时应用酒精擦除，接线松动时应重新接牢（在确认是接线端子的问题，且不能重新插线的情况下，可直接剪除端子，改用铰接方式连接并做绝缘包扎）。

5）二次开机试验，测试中途熄火是否消除。如未消除，则继续排查控制器。

6）更换控制器后第三次试机，故障消除，排查完毕，根源最终确定为控制器故障。

建议：上述是程序化的排查方法，现场情况下要有针对性，以便提升排查准确性和效率。

第五节　热水器运行综合质量排查

一、热水器的结构及原理

近年来，新技术在热水器上的运用越来越多，热水器的技术含量也越来越高，部件的功能越来越强，热水器功能组件逐步实现模块化。

1. 热水器的结构

热水器的基本结构有：外壳、给排气系统（风机、集烟罩、排烟管）、燃烧器系统（燃烧器、喷嘴、点火针）、热交换器（翅片、加热水管、燃烧室）、气路系统（阀体、气管）、水路装置（水量调节阀、管路及水控装置）和控制系统（电子控制器、感应元件、执行装置、脉冲点火器、显示器）。

2. 热水器的原理

（1）热水器的工作原理　在这里将以一款强排恒温型热水器为例（见图7-9），讲述热水器的结构和工作原理。

在接通电源及燃气阀和出水阀均打开的情况下，只要打开进水阀，水即可从冷水口进入，并通过水流量传感器流向热交换器的加热水管。

水流经水流量传感器时，转子信号通过霍尔元件以电脉冲方式发送给电子控

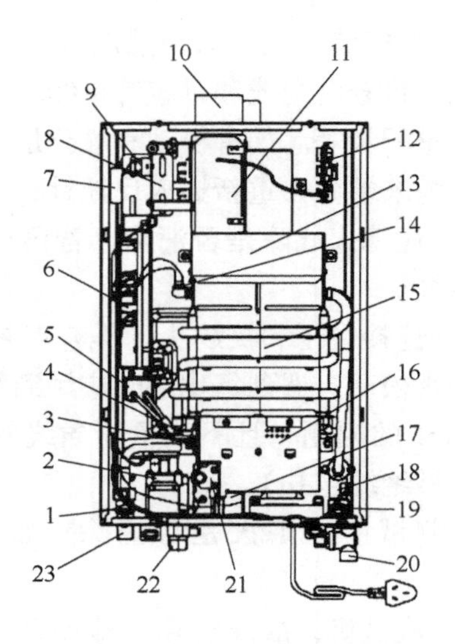

图 7-9　强排恒温型热水器的内部结构

1—出水温度传感器　2—燃气比例阀　3—点火针　4—反馈针　5—脉冲点火器　6—主控制器　7—风机霍尔传感器　8—电动机　9—电容器　10—排烟口　11—风机总成　12—风压开关　13—集烟罩　14—超温保护温控器　15—热交换器总成　16—燃烧器总成　17—分段切换阀　18—水流量传感器　19—进水温度传感器　20—冷水进口　21—喷气管　22—燃气进口　23—热水出口

制器，电子控制器检测到脉冲信号后给风机输出工作电压，风机转动形成的负压传递给风压开关，于是风压开关闭合。当水流量传感器转子转速（脉冲信号频率）达到设定值时，电子控制器在检测到风压开关闭合的情况下，输出脉冲器工作电压，脉冲器点火，随后输出开阀信号给燃气主气阀及燃气比例阀，燃气进入燃烧器，被电火花点燃。位于燃烧器上部的感应针检测到火焰信号，这一信号反馈给电子控制器，维持主气阀开启燃烧下去。燃气燃烧的热量转化为热烟气，在风机的作用下流经热交换器，加热热交换器上的翅片和加热水管，换热后的冷烟气经集烟罩、风机、烟管排至室外。而流过加热水管的冷水被加热成热水后经出水口流出。

热水器的温度由面板设定，而实际的水温温度由出水温度传感器测量，电子控制器将温度测量值和设定值进行比较（PID 控制），向比例阀输出变量电压，进而调节燃气量，使水的温度靠近设定值。

与热水器开启相反，当关闭进水阀或出水阀后，水流停止。水流量传感器转子停止运转，脉冲信号消失。电子控制器停止向主气阀和比例阀输出电压，主气阀关闭、比例阀复位，燃气停止供应，火焰熄灭，电子控制器继续输出风机工作电压维持风机转动，清扫残留的烟气和燃气，设定的清扫时间到后停止。

上述是以燃气为调节量的单调节系统，明显的不足是解决不了气量已经调至最大而水温仍不够的问题。如果在水路中增加一个水比例阀，组成水气双调系统，就可以解决上述升温问题，因此其恒温性能更佳，而且可以实现节水。

（2）热水器的控制原理　燃气热水器是通过前制和后制的水控水气联动方式来实现开启和关停的，通过手动或比例调节水气流量来控制温度，通过风机调速来控制燃烧工况，通过传感器、保护元件、保护电路等进行安全保护控制。

1）水气联动开关控制的工作原理。热水器开关是水控式和水气联动式控制，分为前制（进水端阀门控制）和后制（出水端阀门控制）两种。当打开水路控制阀门且采用后制方式时，水进入热水器，一种情形是流动的水在水气联动阀上产生压力差而推开气阀门，接通气路；另外一种情形是流动的水推动水流开关闭合或水量开关转动，控制器检测到开关闭合或转动脉冲信号，然后给燃气阀门输出启动工作电压，使燃气接通。

当关闭水路阀门时，水压差消失或水流开关断开，水流脉冲消失，气阀关闭，燃烧停止。

2）温度调节控制的工作原理。温度调节是通过气量和水量的控制实现的，包括手动式调节和自动恒温调节。手动调节是通过热水器上的气阀和水阀来调节的，既可以单独调节水阀或气阀，也可组合调节，因此调节范围比较大。自动调节普遍采用比例阀调节，包括气路单调节和水、气双路调节两种。这种控制的工作原理是通过检测出水温度与设定温度的偏差值来调整（PID 控制系统）比例阀的输入工作电压以实现燃气流量的调节，进而调节温度。水比例阀与此同理，且其检测和调节参数是水量。

3）燃烧工况控制的工作原理。燃气热水器没有风门，一次空气量的多少由结构确定，强排式热水器的一次空气量和二次空气量由风机转速控制，燃烧工况通过感应针反馈给控制器，控制器通过调节风机电压，实现风量控制，进而稳定燃烧工况。

4）安全保护控制的工作原理。感应式控制的工作原理是通过感应元件（感应针、热电偶、温控器、微动开关、风压开关、水流传感器等），将反映热水器工作状态的信息转化为电信号，通过控制器、执行元件对工作态势进行控制。而切断式控制的工作原理是直接切断工作信号，且不能自行复位，需要人为干预才能复原，安全级别最高。例如干烧保护。

二、热水器运行异常声响、燃烧系统振动、漏水漏气等综合质量的鉴别

1. 运行异常声响

热水器运行时产生异响的原因有很多种，其中燃烧器的振动、燃烧异常、排

风机异常、水路振动均可能导致异响的产生，下面列举分析几种异响情况的表现。

1）水路系统堵塞或气泡引起的异响。水路中空气混合水在压力的作用下流出，发出“嗤嗤嗤”声响。

2）水箱或水阀出口的“吱吱”急流声。高水压条件下，高速水流在热水水箱中对水路产生的“吱吱”冲击声，可以通过减慢开关水时的速度和调小进水阀门开度来消除。水管内部安装稳流装置可以克服急流响声。

3）水管颤抖引起的热水器“迪迪”“呜呜”颤抖声响。由于水压很大，打开水龙头时会使水管颤抖，带动连接到水管上的热水器颤抖并发出异响。这种情况属于正常现象，不用处理。

4）水箱热交换高温汽化“吱吱”噪声。

5）排风风轮出现变形或偏心时引起的金属摩擦声。

2. 燃烧系统振动

对于燃烧系统振动，最重要的是应找出振动产生的原因，一种是风机带动的振动，另一种是燃烧振动。

燃烧振动通常是燃烧器燃烧不稳定（回火、离焰），燃烧室较小时产生的微弱燃烧振动会出现共振和共鸣现象。还会出现燃烧器的燃烧噪声和振动，振动燃烧形成的振动，以及排气系统不畅通导致的振动。

3. 漏水漏气

燃气热水器的报废年限为6年或8年，一般情况下热水器内部零部件的设计寿命都远超报废年限，且均为耐用件，一般不用担心损坏，更不用担心其漏水漏气。但是，当热水器受到强烈撞击、跌落、水管结冰等破坏作用时，整体结构可能发生改变，就会出现漏水漏气现象。

对于一些橡胶类密封件、隔离件，尤其是那些往复运动的橡胶密封件，由于受到磨损、高温、压力、老化等作用，这些密封件就会损坏，因此需要定期保养和维护这类密封件。拆装密封件时要小心，用件要准确，装配要到位，避免损伤密封件。漏水与水路有关，漏气与气路有关。

常见的开放式漏水漏气部位列举如下：

1）热交换器与进、出水接头和水阀的连接处，会发生漏水。

2）水气联动阀微动开关处的推杆密封口，会发生漏水、漏气。

3）气阀与联动阀的连接口、联动阀及比例阀与喷嘴送气管的连接口，会发生漏气。

4）气阀的阀轴O形密封圈，会发生漏气；水阀的阀轴O形密封圈，会发生漏水。

5）水流传感器的水管接口、霍尔元件连接口，会发生漏水。

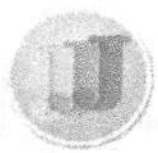

6）水箱端头弯管接头冻裂，会发生漏水。

7）水阀与联动阀连接的隔膜板处，会发生漏水。

8）泄压阀螺纹连接密封圈，会发生漏水。

三、热水器运行常见综合质量不良的原因及处理

1. 不点火或难点火

（1）不点火的原因　一种情况是点火器和点火系统损坏。第二种情况是其他故障引起的点火锁定，例如风压开关的未闭合对点火的锁定；其处理方法是先排查并锁定原因，再排查是否为自身故障，能修则修，不能修则换。第三种情况是水控失效，其原因一般是水压不够和水流控制开关失效。

（2）难点火的原因　可能的原因有燃气不符、点火系统不良、风压扰动等。

2. 调水调温困难

水温、水量调节达不到要求的现象是多样的。有的是冬季水温总调不上去，水温调上去后又觉得水量太小，总是达不到想要的水大水热。有的反映夏季热水总是调不低，想用温水很不容易。总之，这些痛点都会引来很多用户的抱怨。其实这些问题不是什么故障，一是对热水器的热负荷能力了解不多，对热水器热负荷能力的期望值过大了。第二种情况是使用条件存在问题，例如水压水量不太足，热水器没能在最合适的条件下运行，这些问题都可以通过投入设施或设备得以改善，重点是向用户解释清楚并接受专业建议。

此外，也有一些通过比较合理的操作方式，能改善使用在临界状态下的舒适性，例如混水阀的使用和合理操作等，可以将用水温度降低且不会熄火。

当然，属于故障或错误使用的情形也是有的。一般讲，错误使用的情况很少见，因为在安装时已经过系统检查，后期的变化不会很大。因此，后期出现调温困难的原因有这几种情形：水路堵塞、阀门损坏、减压阀故障、压差盘（隔膜板）穿孔、水气联动阀推杆锈蚀等。

3. 运行噪声

一般情况下，40～50dB的声音是适合人类正常活动的，《家用燃气快速热水器》（GB 6932—2015）中规定燃气热水器的运行噪声应不大于65dB。热水器的主要噪声来源包括燃烧噪声、水流噪声、风机噪声等。相对于风机噪声，燃烧噪声、水流噪声都很小，所以觉得烟道式热水器的运行“很安静”。有没有更好的办法来降低风机噪声呢，答案是有的，例如市场上出现的“静音”热水器，噪声在60dB水平。普通市场上销售的风机，单独测量时噪声也在65dB以下的水平，但是安装在热水器上会有所下降。

风机噪声消除的好办法是加消声烟管，但成本很高，现实中不被采用。另

外，风机噪声来源于电动机轴承，因此要常保养轴承。

四、技能操作

1. 对水路系统气泡（混有空气）、管路堵塞等原因引起的异常声响故障进行诊断和排除

1）启动热水器并使其进入正常燃烧状态。

2）倾听热水器内部水管路的声音，若能听到水管路发出“嗤嗤嗤”的声响，这说明有空气混入而产生气泡。当听到水管路发出“吱吱吱”不定时的异常声响时，这说明管内有堵塞现象。

3）故障排除。清理进水过滤网，同时清理管道内的杂质、铁锈颗粒等，可解决水路异响问题，最后拧开出水管，打开水路总阀门，让热水器中的水路进行排空，待不再听到“嗤嗤嗤”的声响后，关闭即可。

2. 对燃烧系统工作中振动、异常响声等故障进行诊断和排除

通常燃烧器瞬间切换大负荷燃烧时，或排气系统不畅通等均可能导致振动异常。一般重点检查以下几个方面。

1）核对用户使用的燃气种类与热水器适用燃气种类是否相符，若不符则可能造成回火、离焰、点火异常现象，应更换对应的燃气种类。

2）使用U形燃气压力计，检测燃气比例阀阀后的二次压力，若二次压力不对会引起燃烧器燃烧不稳定而产生振荡燃烧现象。这种情况的排除方法是，正确调校二次压力。

3）观察风机进风口是否过大或过小，若因此引起燃烧器燃烧不稳定而产生燃烧噪声振动异常，此时可采用的排除方法是，调节风机进风口挡风片。

4）观察排烟管道或热交换器是否有积炭，若因此造成排气系统不畅通导致燃烧噪声振动异常，此时可采用的排除方法是，清除排烟管道或热交换器积炭等杂物。

3. 对零部件松动、风轮变形等原因所引起的机械异常声响故障进行诊断和排除

诊断和排除步骤如下：

1）打开热水器面盖。

2）关闭气阀，启动热水器，观察风机风轮摆动幅度，倾听和辨别风机声音。如有固定频率的声响和较大风轮摆动，应拆下风机，卸下风轮，调整动平衡并装回。

3）开启燃气，再次启动运行热水器，倾听有无其他异常声音，观察是否存在零部件松动现象，若发现有零部件松动现象，拧紧连接固定螺钉即可。

4. 通过目视及仪器检测等方法找到漏水、漏气位置并对相关部件进行拆卸和更换

（1）漏水排查处理　热水器内部漏水一般因水路零部件开裂穿孔或密封件破损而引起，主要原因包括长期过热导致变形或损坏、受冻结冰膨胀胀裂、加工焊缝长期应力引起裂缝漏水、腐蚀引起穿孔等。

1）关闭出水阀，打开进水阀。目测检查各水路连接口，是否有漏水渗水情况；另外仔细观察有水迹的区域，是否存在慢漏点。

2）若慢漏点出现在螺母、螺钉连接处，先采用拧紧螺纹联接的办法看是否消除，若不能解决，可拆下并检查密封件。

3）对于极个别情况，可能要使用手摇增压工具来加以排查。用手摇动手摇增压工具的同时，观察热水器内部各水路接口及水路部件，当达到1.0MPa压力时需暂停加压并观察手摇增压工具上的压力表是否有压降，若压力没有降低则说明热水器内部水路无漏水，若压力下降明显则缓慢加压使水路保持1.0MPa压力，同时仔细观察各水路直到排查出漏水点。

4）处理方法：更换密封圈，紧固连接螺钉，更换漏水部件。

（2）漏气排查处理　热水器内部漏气一般为密封件长期应力受压致使密封圈变形，或者是长期过热导致密封圈变形损坏；有些是燃气阀体、喷气管等部件出现裂缝或沙孔引起漏气。具体排查方法如下：

1）一般可使用中性洗洁精或肥皂水涂抹到相应位置查找漏气点，有漏气的部位会出现气泡现象。对于重点排查部位，应仔细观察燃气进气接头连接口、气阀体、电磁阀及其他气路密封连接部位。

2）对内部电磁阀阀门气密性的检测，一般使用U形燃气压力计。

3）将进气接头取样口接上U形燃气压力计，打开燃气观察U形燃气压力计的读数。

4）关闭燃气进气阀，当压降达到规定值后即可判定为内部阀门泄漏。

5）对于气管内的杂物影响电磁阀气门密封效果而出现的漏气，可通过清理杂物使电磁阀气门密封表面清理干净进而加以解决和处理。

6）检测气控阀系统的电磁阀是否故障，是否存在因不放阀而造成漏气，可通过更换电磁阀加以解决。

7）仔细观察气路系统的阀体（金属件）是否因有砂孔而造成漏气，可通过更换阀体部件加以解决。

复习思考题

1. 如何判断水压过低致使燃气热水器无法启动？

2. 如何描述热水器爆燃、回火、离焰、黄焰的现象，它们产生的机理是什么?
3. 燃气压力对热水器运行有哪些影响?
4. 如何诊断和排除燃气热水器回火故障?
5. 燃气热水器黄色火焰、冒黑烟的主要原因是什么?如何排除?
6. 燃气热水器干烧的原因有哪些?

参 考 文 献

[1] 中国五金制品协会. 家用燃气快速热水器：GB 6932—2015 [S]. 北京：中国标准出版社，2015.
[2] 中华人民共和国住房和城乡建设部. 城镇燃气分类和基本特性：GB/T 13611—2018 [S]. 北京：中国标准出版社，2018.
[3] 中华人民共和国住房和城乡建设部. 燃气燃烧器具安全技术条件：GB 16914—2012 [S]. 北京：中国标准出版社，2013.
[4] 中华人民共和国住房和城乡建设部. 家用燃气燃烧器具安全管理规则：GB 17905—2008 [S]. 北京：中国标准出版社，2009.
[5] 中华人民共和国建设部. 城镇燃气设计规范：GB 50028—2006 [S]. 北京：中国建筑工业出版社，2006.
[6] 中华人民共和国住房和城乡建设部. 住宅设计规范：GB 50096—2011 [S]. 北京：中国计划出版社，2012.
[7] 中华人民共和国住房和城乡建设部. 城镇燃气室内工程施工与质量验收规范：CJJ 94—2009 [S]. 北京：中国建筑工业出版社，2009.
[8] 中华人民共和国住房和城乡建设部. 家用燃气燃烧器具安装及验收规程：CJJ 12—2013 [S]. 北京：中国建筑工业出版社，2014.

读者信息反馈表

感谢您购买《燃气具安装维修工（中级）》一书。为了更好地为您服务，有针对性地为您提供图书信息，方便您选购合适图书，我们希望了解您的需求和对我们教材的意见和建议，愿这小小的表格为我们架起一座沟通的桥梁。

<table>
<tr><td>姓　名</td><td></td><td>所在单位名称</td><td colspan="3"></td></tr>
<tr><td>性　别</td><td></td><td>所从事工作（或专业）</td><td colspan="3"></td></tr>
<tr><td>通信地址</td><td colspan="3"></td><td>邮　编</td><td></td></tr>
<tr><td>办公电话</td><td colspan="2"></td><td>移动电话</td><td colspan="2"></td></tr>
<tr><td>E-mail</td><td colspan="5"></td></tr>
<tr><td colspan="6">1. 您选择图书时主要考虑的因素（在相应项前画✓）
（　）出版社（　）内容（　）价格（　）封面设计（　）其他
2. 您选择我们图书的途径（在相应项前画✓）
（　）书目（　）书店（　）网站（　）朋友推介（　）其他</td></tr>
<tr><td colspan="6">希望我们与您经常保持联系的方式：
☐ 电子邮件信息　☐ 定期邮寄书目
☐ 通过编辑联络　☐ 定期电话咨询</td></tr>
<tr><td colspan="6">您关注（或需要）哪些类图书和教材：</td></tr>
<tr><td colspan="6">您对我社图书出版有哪些意见和建议（可从内容、质量、设计、需求等方面谈）：</td></tr>
<tr><td colspan="6">您今后是否准备出版相应的教材、图书或专著（请写出出版的专业方向、准备出版的时间、出版社的选择等）：</td></tr>
</table>

非常感谢您能抽出宝贵的时间完成这张调查表的填写并回寄给我们，我们愿以真诚的服务回报您对机械工业出版社技能教育分社的关心和支持。

请联系我们——

地址　北京市西城区百万庄大街 22 号　机械工业出版社技能教育分社

邮编　100037

社长电话　（010）88379711，88379080；68329397（带传真）

E-mail　jnfs@ mail. machineinfo. gov. cn

机械工业出版社网址：http://www. cmpbook. com

教材网网址：http://www. cmpedu. com